dtv
premium

Stefan Klein

Die Tagebücher der Schöpfung

Vom Urknall zum geklonten Menschen

Deutscher Taschenbuch Verlag

Das Buch basiert auf Artikeln, die zuerst in ›Der Spiegel‹ erschienen sind.

Originalausgabe
Juli 2000
© 2000 Deutscher Taschenbuch Verlag GmbH & Co. KG,
München
www.dtv.de
Das Werk ist urheberrechtlich geschützt.
Sämtliche, auch auszugsweise Verwertungen
bleiben vorbehalten.
Umschlagkonzept: Balk & Brumshagen
Umschlagfoto: © Anglo-Austrian Observatory
(Photograph by David Malin)
Satz und Gestaltung: Hartmut Czauderna, Gräfelfing
Gesetzt aus der 10,4/13,2˙ Sabon auf Apple Macintosh,
QuarkXPress
Grafiken: Detlev Seidensticker, München
Druck und Bindung: Kösel, Kempten
Gedruckt auf säurefreiem, chlorfrei gebleichtem Papier
Printed in Germany · ISBN 3-423-24207-8

Inhalt

SCHÖPFER MENSCH

Vorwort

Die Fragen, über die der Mensch seit jeher rätselt, lassen sich in Mysterien und Probleme unterscheiden: Vor einem Mysterium stehen wir fassungslos staunend, ein Problem erscheint uns grundsätzlich lösbar. Geburt und Tod, Weltanfang, Weltende – für die Menschen der Antike waren alle großen Fragen Mysterien. Man kann die Geschichte seither als den fortwährenden Versuch auffassen, Mysterien in Probleme zu verwandeln.[1]

Nie zuvor war die Menschheit dabei so erfolgreich wie im letzten Jahrzehnt. Denn noch nie hat sie so viele Entdeckungen gemacht und nie haben Forscher so weit Zugang zu den Ursprüngen und den letzten Dingen der Natur gewonnen.

Physiker sind dem Urknall experimentell bis auf eine zehnmilliardstel Sekunde nahe gekommen. Kosmologen haben das Alter des Universums bestimmt und erkannt, dass es keinen Weltuntergang geben wird, anders, als sie dachten. Inzwischen gehen sie daran, ihre Vermutung zu belegen, dass unser Kosmos nur einer von vielen sein könnte.

Wie das Leben entstand und nach welchen Gesetzen die Natur immer neue Wesen erschafft, wurde zumindest in Umrissen wissenschaftlich geklärt. Neu entdeckte Lebensformen in verborgenen Nischen, in der Tiefsee und im Inneren der Erde, fast unabhängig von der Außenwelt und mit einem fremdartigen Stoffwechsel, geben Hinweise auf mögliches Leben auch woanders im All. Und die Wissenschaft hat schließlich selbst das menschliche Bewusstsein als ein Ergebnis der Evolution gedeutet.

So hat der Homo sapiens begriffen, dass auch er ein ganz gewöhnliches Produkt der Schöpfung ist; zugleich aber hat er sich selbst aufgeschwungen zum Schöpfer. Ein geklontes Schaf wurde zum Symbol einer neuen Zeit, in der der Mensch die Kreatur nicht nur ihm untertan macht, sondern sie nach seinen Bedürfnissen formt. Ins Visier seiner Gestaltungswut hat er sogar seine eigene Gattung genommen. Genetiker entschlüsseln das menschliche Erbgut, Mediziner wollen Organe vom Fließband liefern und träumen vom geklonten Homo sapiens.

Von all diesen Entdeckungen und Umbrüchen handelt dieses Buch. Es berichtet von dem einschneidenden Wandel, den die Naturwissenschaften in der zweiten Hälfte des 20. Jahrhunderts durchgemacht haben: Immer weniger befriedigt von Antworten auf die bloße Frage »Wie funktioniert das?«, wollen Grundlagenforscher die Welt nun aus ihrer Entstehungsgeschichte heraus erklären. Die Prozesse der Schöpfung sind ihr Thema geworden. Sie haben sich des Stoffs angenommen, aus dem noch vor kurzem allein die Mythen, Philosophien und Religionen bestanden.

Schon die Lehre Charles Darwins, dass sich das Leben vom Einfachen zu immer komplizierteren Formen entwickelte, sich fortwährend veränderte und immer vielfältiger wurde, besaß eine Suggestivkraft nicht geringer als die biblische Schöpfungsgeschichte, hat der Biologe Edward Wilson einmal gesagt. Doch Darwins Evolutionstheorie war ein Leuchtfeuer in ihrer Zeit, nicht Ausdruck einer verbreiteten Überzeugung.

Bis sie eine solche werden konnte, musste zuerst die Forschung ihre Detailarbeit leisten, musste der böhmische Mönch Gregor Mendel durch Kreuzungsversuche in seinem Klostergarten die Vererbungsgesetze entdecken, mussten Mikroskope aufkommen, um die Chromosomen als Träger der Erbinformation sichtbar zu machen, und mussten schließlich, im Jahr 1953, Francis Crick und James Watson die Struktur der Erbsubstanz bis in deren Atome erklären.

Erst nachdem all diese Voraussetzungen in der Biologie und der Physik geschaffen worden waren, konnte die Wissenschaft während der letzten Jahre auf breiter Front in die Grenzgebiete des Glaubens vordringen. Messinstrumente wie Superteleskope, welche fast alles, was im Universum überhaupt sichtbar ist, ins Blickfeld gerückt haben, Methoden wie die Hirndurchleuchtung und der Fortschritt bei der Entschlüsselung der Gene haben die Forscher dazu in die Lage versetzt. Wilson nennt diesen Aufbruch »eines der größten Abenteuer, das je stattfand«[2]. So sind die großen Fragen, über die der Homo sapiens immer schon gegrübelt hat, mindestens teilweise der Überprüfung zugänglich geworden: Wie entstand die Welt? Was ist Leben? Was bedeutet Bewusstsein? Dieses Buch beschreibt, welche Antworten die Forscher heute auf diese Fragen geben. Ein Motiv, das in diesen Erklärungen immer wieder auftaucht, ist der Zufall. Mit der Entdeckung, was für eine ungeahnt zentrale Rolle er in der Natur spielt, war eine der großen wissenschaftlichen Revolutionen des 20. Jahrhunderts verbunden. Umso erstaunlicher ist es, dass Biologen und Chemiker zunehmend zu dem Schluss kommen, Leben musste auf der Erde fast zwangsläufig entstehen. Die Frage, wie viel Zufall und wie viel Notwendigkeit dazu führten, dass die Welt so wurde, wie sie ist, gehört zu den hintergründigsten der heutigen Forschung.

Dass meine Darstellungsweise eher erzählerisch als wissenschaftlich-systematisch ist, hat zwei Gründe: Zum einen gehen viele Abschnitte auf Berichte zurück, die ich in den Jahren 1996–1998 für den ›Spiegel‹ verfasst habe. Zum anderen scheint mir kaum eine Form dem Gegenstand so angemessen wie die des Erzählens.

Mit Wortschöpfungen wie »schwarzes Loch«, »Urknall« oder »egoistische Gene« gebraucht die Wissenschaft selbst zunehmend Metaphern. Die Fallgesetze, die Galileo im 16. Jahrhundert aufschrieb, sind noch jedem Schulkind beizubringen. Wer in die Regeln der Atomphysik, in die um 1920 entdeckte Quantenmechanik eindringen will, benötigt schon ein Physikstudium samt Ausbildung in höherer Mathematik. Die mathematischen Abgründe der heutigen Theorien vom Anfang der Welt aber versteht, sofern diese nicht sein Spezialgebiet sind, auch kein Physiker mehr.

Deswegen kommen die Wissenschaftler selbst, schon um sich untereinander zu verständigen, nicht umhin, sich der Metapher zu bedienen. So nähert sich die Naturwissenschaft auch in ihrer Bilderfreudigkeit den uralten Mythen.

»Je tiefer wir in das Universum eindringen, umso mehr überrascht uns das erzählerische Element, das uns auf allen Ebenen begegnet«, schreibt Ilya Prigogine, der für seine Entdeckung der Entstehungsweise neuer Strukturen den Chemie-Nobelpreis erhielt. »Die Natur präsentiert uns eine Reihe von Erzählungen, von denen eine Bestandteil der anderen ist: die Geschichte des Kosmos, die Geschichte der Moleküle, die Geschichte des Lebens und des Menschen bis zu unserer persönlichen Geschichte. Unweigerlich denkt man an Scheherazade, die jede ihrer Erzählungen unterbricht, um eine neue, noch schönere zu beginnen.«

Hamburg, März 2000   Stefan Klein

Zeichen in der Tiefe

Die Zeichen sieht nur, wer auf dem Rücken liegt. Aber um aufrecht zu sitzen, geschweige denn zu stehen, ist der hinterste Raum der Höhle von Pergouset ohnehin zu niedrig. Eingeritzt in den Lehm treten sie aus dem Gewölbedunkel hervor: Zwitterwesen zwischen Vogel und Mensch, spitzohrige Zweibeiner, denen aus der Schulter ein Schnabel wächst; Antilopen mit Rüssel; krakelige Linien, die an riesige weibliche Geschlechtsteile erinnern.

»Monster« nennt Michel Lorblanchet sie. »Psychedelische Monster.« Um sie zu besuchen, ist er durch einen kaum schulterbreiten Gang in das südfranzösische Erdreich gekrochen. Hier haben die Signaturen überdauert, seit 12 000, vielleicht auch seit 14 000 Jahren, niemand weiß es genau. Sicher ist nur: Die Mondmilch trägt die merkwürdige Hinterlassenschaft mindestens seit dem Ende der letzten Eiszeit. »Mondmilch« nennen die Geologen den blassen Kalkstein, den Verwitterung so weich gemacht hat, dass schon ein zarter Fingerzug eine Spur darin hinterläßt.

Rücklings in der Mondmilch liegend, hat der Archäologe Lorblanchet das Liniengewirr abgezeichnet, Strich für Strich. Acht Jahre lang dauerte diese einsame Arbeit, über die er nicht sprach, damit kein Eindringling die empfindlichen Bilder zerstörte. Er lernte die Abdrücke verschiedener Fledermausarten erkennen und die Zeichen an der Wand von den Kratzspuren der Füchse und Marder zu unterscheiden; begriff, dass die Höhle schon in der Steinzeit so feucht war, weil ein naher Fluß sie einmal im Jahr überschwemmte und das Gestein aufweichte. Am Ende hatte er jede feuchte Wand seiner Höhle ertastet, sie bis in ihre kleinsten Unebenheiten erforscht.[1]

Dann kam er wieder, diesmal nur mit einer Fackel in der Hand, denn er wollte die Werke so erleben wie einst deren Schöpfer. Nicht einmal ein fallender Wassertropfen stört die Stille der Höhle, sagt Lorblanchet. Wer mit verdrehtem Körper im flackernden Licht darin liege, fühle sich wieder geboren, wie außerhalb der Zeit. Und dann erwachten die Tiere zum Leben.

Auf einem Deckengewölbe verendet gerade ein Steinbock, die Brust von einer Lanze durchbohrt, die Beine in einem Netz verheddert. In einer Spalte so eng, dass der Künstler hier blind gezeichnet haben muss, schimmert ein fein gearbeiteter Pferdekopf, mit Nüstern, halb offenem Maul, Augen, Pupillen und Iris. Aus einer Felswand wölbt sich ein Stein hervor wie der Bauch einer Schwangeren, auf Nabelhöhe ist ein ovales Loch ausgehöhlt, darunter eine Vulva graviert: Eine ganze Traumwelt, ein Universum von Zeichen hatten die Menschen der Steinzeit in diesem feuchten Loch angelegt.

Was mag sie dazu bewogen haben? Und was bedeuten die Zeichen? Die Heutigen werden die Bilder aus sich selbst heraus nie mehr ganz entschlüsseln können, aber gerade das macht sie so interessant. Denn wir verstehen die Gravuren deswegen nicht, weil sie mehr besagen, als sie abbilden: Offenbar hatten die Zeichnungen auch eine symbolische Bedeutung, offenbar drehten sie sich um die Beziehung zwischen Mensch und Natur und darum, wie Menschen versuchten, sich eine Welt nach ihren Ideen zu schaffen – von den Monstern in Pergouset führt ein verschlungener Weg bis zur Kunst der Moderne, bis zu den heutigen Deutungen des Kosmos.[2]

Doch die Höhlenbilder markieren nicht den Beginn dieses Weges. Denn die Anfänge des menschlichen Schöpferdrangs sind noch vor dem ersten Auftritt des Homo sapiens selbst zu finden. Nur wer die ganze Geschichte dieser Versuche kennt, kann ahnen, wozu die Zeichen der Steinzeit einst gedient haben mochten. Vermutlich benutzten schon die Neandertaler Symbole.

Das zeigt eine gespenstische Entdeckung, die eine Gruppe von rumänischen Höhlentauchern um den Geologen Christian Lascu im Jahr 1987 gemacht hatte, die aber erst zehn Jahre später im Westen bekannt wurde. Durch einen unterirdischen Wasserlauf hatte sich Lascu Zugang zu einer riesigen Tropfsteingrotte im Bihorgebirge verschafft, deren Trockeneingang seit Zehntausenden von Jahren verschüttet ist.

Mammutzähne und Bärenschädel bedeckten den Boden im Zentrum der kathedralenartigen Räume, teils wüst verstreut, teils wie absichtlich niedergelegt: Überreste, die amerikanische Wissenschaftler später auf 75 000 bis 85 000 Jahre vor Christi datierten, die Zeit der Neandertaler in Europa. Nirgends fanden sich Bärenskelette. Die Schädel aber waren in symmetrischen Kreuzen angeordnet und nach der Windrose ausgerichtet.

Zufall? Der Pariser Archäologe Jean Clottes, der als oberster Kustos alle prähistorischen Fundstätten in Frankreich betreut, glaubt nicht daran. Die Neandertaler, erklärt er, müssen »gewisse kreative Fähigkeiten« gehabt haben. Wollten sie sich ausdrücken, blieb ihnen gar nichts anderes übrig, als Fundstücke zusammenzulegen und so Installationen der Frühzeit zu schaffen. Denn wahrscheinlich war erst der Homo sapiens mit einem Gehirn ausgestattet, das ihn zu Assoziationen, differenzierter symbolischer Darstellung und damit zum Zeichnen befähigte.[3]

Tausende von münzgroßen Kreisen weisen die beiden riesigen Felsmonolithen in der Steppe oberhalb der australischen Coornamu-Sümpfe auf, die einheimische Stammesvölker noch heute als heilig verehren. Die Einkerbungen sind geordnet in regelmäßigen Mustern, eines davon in Form eines Kängurus. Als Anthropologen diese Linien während der neunziger Jahre analysierten, sahen sie darin einen Anfang der modernen Kreativität. Atomphysikalische Untersuchungen an ausgegrabenen Splittern primitiver Steinkeile nämlich ergaben, dass die Gravuren möglicherweise vor mehr als 60 000 Jahren entstanden waren – ungefähr gleichzeitig mit der Entstehung des Homo sapiens.[4, 5] Damit wären diese Kreise die frühesten Zeichnungen der Welt. An anderen Fundstellen in Nordaustralien entdeckten die Archäologen dunkelrotes Farbpulver aus Hämatit, einem natürlichen Eisenoxid, das für Felsbilder verwendet wurde, und datierten es auf die Zeit vor über 55 000 Jahren.[6]

13

Doch erst im Europa der Altsteinzeit kam es zu dem, was Jean Clottes die »Explosion« der menschlichen Kreativität nennt: Der Mensch schuf erste Abbilder der Realität. Von diesem großen Sprung kündet die Höhle, auf die der Archäologe Jean-Marie Chauvet wenige Tage vor Weihnachten 1994 bei einem Streifzug durch die Karstlandschaft des Ardèche-Tals stieß.

Ein sonderbar kalter Luftzug, den er plötzlich verspürte, ließ den Höhlenforscher aus Leidenschaft in einer 160 Meter steil aufragenden Felswand nach einem Eingang suchen. Ein Tunnel führte ihn und zwei Begleiter in eine Unterwelt aus Gängen und Hallen von den Abmessungen eines Doms. Dort fanden sie Kolossalgemälde vor, die nunmehr zu den bedeutendsten Entdeckungen des 20. Jahrhunderts zählen. Ganze Herden von Rentieren, Wisenten, Auerochsen und Raubkatzen sprangen den Forschern, wie Chauvet sagt, »regelrecht von den Wänden entgegen«.

Bären, verschiedene Raubkatzen, ein Uhu – 300 Tierbilder, immer wieder von Handabdrücken und geometrischen Gravierungen unterbrochen, hatten prähistorische Künstler auf dem Fels hinterlassen. Anmut und Perfektion dieser Werke aus Pflanzenrot und Kohlenruß sind betörend. Löwenmuskeln sind mit Licht und Schatten gezeichnet, Rhinozerosse scheinen an den Wänden miteinander zu kämpfen, ihre Hörner zornig ineinander verhakt. Pferdeherden galoppieren in perspektivischer Sicht am Betrachter vorbei, dem Ausgang entgegen.[7]

Noch überraschender als die Schönheit der Felsmalereien ist ihr Alter. Anhand der Radioaktivität winziger Kohlekrümel, die Chauvet aus den Zeichnungen zweier Nashörner und eines Bisons gekratzt hatte, konnten Physiker die Bildwunder auf 30 340, 30 940 und 32 410 Jahre datieren. Damit sind diese Werke doppelt so alt wie die berühmten Höhlenzeichnungen von Lascaux in Südwestfrankreich und Altamira in Spanien; sie entstanden schon kurz nachdem der Homo sapiens dem Neandertaler in Europa seinen Platz streitig gemacht hatte. So ist die Chauvet-Höhle die bei weitem älteste unter allen derartigen Grotten und erstaunlicherweise auch die malerisch ausgereifteste.

Um herauszufinden, mit welcher Technik die ersten modernen

Menschen diese Werke hergestellt haben konnten, ist Lorblanchet, der derzeit auch die Monsterhöhle von Pergouset erforscht, selbst in die Rolle eines Steinzeitkünstlers geschlüpft. Den Mund voll zerkauter Holzkohle, spuckt er immer wieder schwarzen Speichel an eine Felswand. Als würde er ein Schattenspiel darbieten, hält er Hände und Finger zu Schablonen geformt. So entsteht, in vielen Tagen Arbeit, das Bild eines Pferdes, das jenen in der Chauvet-Höhle täuschend ähnelt. Daneben sprüht der Forscher, ebenfalls mit Spucke, die seltsamen negativen Handabdrücke auf den Fels, wie sie in fast allen urzeitlichen Bilderhöhlen auftauchen, vielleicht als eine Art Signatur des Künstlers.

Die Sprühmethode hat er bei Stammesvölkern gelernt, die so noch heute Felsen in Nordaustralien verzieren. Und tatsächlich entdeckten Chemiker Spuren derselben Eichen-Holzkohle, die sie im Farbauftrag der europäischen Steinzeitgemälde nachgewiesen hatten, auf Menschenzähnen, welche sich in prähistorischen Gräbern nahe der Höhle von Lascaux fanden.

Was aber mag sich in den Bilderhöhlen abgespielt haben? Als fast sicher gilt, dass sie keine Wohnstätten waren, denn es wurden keinerlei Abfälle darin gefunden. So kommen diese geisterhaften Orte nur als Stätten urzeitlicher Magie infrage. Die Zeichnungen, die Malereien und die Installationen dienten wahrscheinlich dem Kult.

Aus vorzeitlichen Fußabdrücken und Analysen der Wandbilder glauben Clottes und Lorblanchet auf zwei Typen von Anbetungshöhlen schließen zu können: Stätten schamanischer Geheimkulte und Tempelgrotten für jedermann.

Wie Kirchenfresken zieren die riesigen, naturalistischen Tiermalereien die Kuppelräume der Höhlen von Chauvet und Lascaux. Nach einer ausgeklügelten Dramaturgie angeordnet, war ihre Funktion offensichtlich vor allem, einen würdigen Hintergrund zu schaffen für Zeremonien im Erdinneren, zu denen große Menschenscharen erschienen – die vielen Fußabdrücke zeigen es.

Ramponierte Stalagmiten lassen vermuten, dass Steinzeit-Vandalen mit den abgebrochenen Trümmern auch ihren Lieben daheim ein Stück Höhlenweihe vermitteln wollten, durch ein heiliges Mitbringsel aus der Tiefe. Fährten von jugendlichen Füßen deuten darauf hin, dass in manchen Höhlen Initiationsriten vonstatten gegangen sein müssen. Und das Skelett einer Viper, die dort natürlicherweise niemals gelebt haben könnte, lässt vermuten, dass Steinzeitmenschen Tiere für ihre Riten benutzten.

Dass die Künstler in den Bildern der Höhlen eine Interpretation der damaligen Welt angelegt haben, dass sich in diesen vielleicht sogar eine Mythologie spiegelt – und keineswegs nur ein Jagdzauber, wie lange gedacht –, ist seit Chauvets Entdeckung überaus wahrscheinlich. Denn anders als in den zuvor bekannten Höhlen beherrschen dort Löwen, Nashörner und Bären die Fresken: Tiere, welche die Steinzeitmenschen wohl kaum je erlegten.

Abgelegene Höhlen wie die von Pergouset, für größere Versammlungen viel zu eng, führen noch deutlicher vor Augen, dass die Kunst der frühen Menschen von Beginn auch auf Jenseitiges zielte. Weil sie nicht für Menschenmengen gedacht, mussten die Bilder dieser Geheimhöhle auch nicht aus der Ferne wirken.

Nur im Streiflicht werden die Strichmonster sichtbar, weil sie nur aus Linien im Untergrund bestehen. Doch sie sind nicht deswegen so wirklichkeitsfern gezeichnet, weil die Menschen damals es nicht anders beherrschten. Zwanzig Jahrtausende zuvor waren schließlich nur unweit von hier die Malereien der Chauvet-Höhle in all ihrem Naturalismus entstanden – die scheinbar so wirren Gravuren von Pergouset können also keine primitiven Vorformen späterer Kunst sein. Vielmehr zeigen sie erste abstrakte Darstellungen von der Natur. Und wer sie genau studiert, erkennt, wie wohl überlegt die Abfolge der Bilder ist.

Siebzig Meter hinter dem Eingang des lang gestreckten Schachts beginnt die Galerie aus der Eiszeit zunächst ziemlich realistisch: Spuckende Hirschkühe zieren die vorderen Gewölbe. Mit knappen Strichen sind Wisente und Steinböcke gezeichnet, deren Nüstern gebläht sind und denen die Mäuler offen stehen.

Die Monster erscheinen erst tiefer in der Grotte, und beim weiteren Eindringen werden sie immer bizarrer: Pferde mit Giraffenhälsen; Zebras mit Kuhhufen; Köpfe, die an Dinosaurier erinnern.

In den hinteren Räumen schließlich lösen sich die Formen zunehmend auf. Vielfach bedeckt nur noch ein Liniengewirr die Felswände, gleichsam ein Brodeln in der Tiefe. Hier finden sich die Vogelmenschen und eine weitere riesige Vulva, gezeichnet um eine natürliche Felsöffnung herum – vielleicht verstanden die Urheber die Erde selbst als weiblich, die Tiere als Wesen, die aus der Höhlentiefe ans Licht geboren werden.

Eine ganze Geschichte, einen gewaltigen Comic, präsentiert diese Höhle. In all ihrer Rätselhaftigkeit zeugt sie davon, wie bereits die Frühmenschen darum rangen, einen Sinn in der Schöpfung zu finden. Bewegte schon die Jäger der Altsteinzeit die Frage, wer sie sind und woher sie einst kamen?

KOSMOS

Auf der Suche nach der vierten Dimension

Die Sonne senkte sich über den Barrikaden. Der König war gestürzt, der Pulverdampf verflogen. Da richteten die Aufständischen ihre Vorderlader auf ein neues Ziel – sie beschossen die Turmuhren.

Ein blindwütiger Eifer hatte an diesem ersten Abend der französischen Julirevolution im Jahr 1830 die Rebellen erfaßt: Gleichzeitig, aber ohne voneinander zu wissen, wie es der Essayist Walter Benjamin beschrieb, waren mehrere Gruppen in den Pariser Kleinbürgervierteln erneut ausgezogen. Diesmal galt ihr Angriff einem unsichtbaren und allmächtigen Feind.

Die Rebellen hatten ein Lied auf den Lippen. Sie sangen von »Schüssen auf die Zahnräder, um den Tag anzuhalten«: Nichts Geringeres als das »Kontinuum der Geschichte«, schrieb Benjamin, wollten die Revolutionäre sprengen, alle Last der Vergangenheit abstreifen.[1] Das alte Regime hatten sie schon hinweggefegt, nun sollte auch die letzte Tyrannei fallen – die Herrschaft der Zeit.

Knapp zwei Jahrhunderte später steht dieser Traum wieder auf der Tagesordnung. Die Wissenschaft hat sich seiner angenommen. Um die Jahrtausendwende beschäftigen sich Forscher aller Disziplinen mit dem Phänomen »Zeit«. Sie führen erstaunliche Experimente durch, von denen viele simpel sind. Aber seit Jahrzehnten war niemand auf die Idee gekommen, sie auszuführen. Wozu auch hätte man das Unvorstellbare versuchen sollen?

Erst mussten ein paar deutsche Physiker mit Rohrstücken Furore machen, die aussehen, als hätte ein Klempner sie im Labor vergessen. Durch diese Stutzen wollen die Forscher, gestandene Professoren, Signale in Überlichtgeschwindigkeit gefunkt und damit die Relativitätstheorie überlistet haben.

In seiner großen Lehre von der Allmacht der Lichtgeschwindigkeit über den Kosmos hatte Albert Einstein solches Treiben mit gutem Grund für unmöglich erklärt: Wer es fertig brächte, mit überlichtschnellen Strahlen in die Welt zu leuchten, der könnte theoretisch die Zukunft erblicken.

Dennoch, ohne letzten Endes zu verstehen, was sie tun, vermessen die Physiker plötzlich Erscheinungen, die alle Züge des Paranormalen tragen: Laserlicht, das sich überlichtschnell ausbreitet; Partikel, für welche die Zeit während des Betrachtens gleichsam einfriert.

An die Stelle der alten Gewissheiten sind Fragen getreten: Sind die Schranken der Zeit überwindbar? Ist die Relativitätstheorie, wie der Astrophysiker Joseph Silk behauptet, nur noch ein »wunderschönes Fossil«? Sind gar manche Sciencefictionfantasien weniger abwegig als gedacht – könnten Zeitreisen dereinst so alltäglich werden wie das Fahren mit der U-Bahn?

Der amerikanische Astrophysiker Carl Sagan sah kurz vor seinem Tod im Jahr 1996 die Wissenschaft »an einem dieser seltenen klassischen Wendepunkte« angelangt, an denen sich die herrschenden Vorstellungen über die tiefsten Mysterien grundlegend wandeln.[2]

Tatsächlich haben die Forscher inzwischen in einem Maße Einsichten über die Zeit gewonnen, wie man es bei einem vermeintlich so esoterischen Gegenstand für unerreichbar gehalten hat. Dabei sind die neuen Erkenntnisse eher Abfallprodukte anderer Disziplinen. Sie entspringen dem beispiellosen Forscherdrang, der seit Beginn des letzten Jahrzehnts der Ergründung von zwei der großen Geheimnisse der Wissenschaft gilt: des Kosmos und des menschlichen Gehirns.

Wie Tunnelbauer auf beiden Seiten eines Bergmassivs nähern sich zwei Forschergemeinden dem Phänomen »Zeit« von entgegengesetzten Ausgangspunkten. Die einen, die Astrophysiker, fangen mit Röntgensatelliten die Signale von Pulsaren auf, von Sternen, die genauer ticken als fast alle irdischen Uhren. Sie vermessen Runzeln in der kosmischen Strahlung und glauben, aus solchen winzigen Unebenheiten des Weltenlaufs die Geschichte der ersten drei Minuten des Universums lesen zu können.

Die anderen, die Biologen, untersuchen den komplexen Vorgang der Zeitwahrnehmung im menschlichen Gehirn. In den USA wurde ein »Clock Genome Project« begonnen: Forscher haben genetisch programmierte Uhren entdeckt, natürliche Chronometer, die jedem Wesen und sogar jeder einzelnen Zelle den Lebenstakt schlagen. Neurobiologen erkennen aus Nervenströmen, die sie Patienten bei Gehirnoperationen ableiten, wie ein kompliziertes Geflecht von Zeitgebern im Kopf das Erleben, das Denken und das Fühlen bestimmt.

»Die Zeit ist die Hintertür zum menschlichen Geist«, behauptet der australische Astrophysiker Paul Davies;[3] die Ergebnisse der Hirnforscher zeigen, dass er mit seiner Einschätzung so falsch nicht liegt – das Kapitel »Abschied vom Ich« berichtet davon.

Damit treffen sich die Erkunder von toter und belebter Materie bei einem neuen Verständnis des Phänomens »Zeit«, das der gewohnten Auffassung zuwiderläuft: Die Wissenschaft hat Abschied genommen vom jahrtausendealten Bild eines Zeitstroms, der ebenmäßig und womöglich gottgegeben dahinzieht. Durch die neuesten Forschungsergebnisse entpuppt sich die Zeit als ein Wesen von dieser Welt. Sie wird erkennbar als Folge und nicht als Urgrund allen Weltgeschehens. Sie erinnert an einen Wildbach, der manchmal wild aufschäumt und manchmal stillsteht. Und sie scheint formbar wie Knetmasse.

Solche Bilder drängen sich auf, wenn die Forscher nun über Rätsel debattieren, welche die Naturwissenschaft längst als hoffnungslos unlösbar beiseite gelegt hatte: Gab es je einen Anbeginn der Zeit? Könnte ihr Fluss dereinst versiegen? Wie wirkt der Zeitstrom auf das Bewusstsein? Und: Was eigentlich ist Gegenwart?

Es sind Fragen, über welche die Menschheit sinniert, spätestens seit in der Steinzeit die ersten Experimente mit dem Schattenlauf der Sonne gemacht wurden. Denn wie kaum ein anderes Phänomen bringt der ständig erfahrbare Zeitlauf den menschlichen Geist an die Grenzen seines Fassungsvermögens. Ratlos bekannte Augustinus von Hippo, einer der größten Denker der Kirchengeschichte, er sehe sich außerstande zu erklären, was das Wesen der Zeit sei: Wenn ihn niemand frage, wisse er es wohl. Doch wenn ihn jemand frage, könne er es nicht sagen.

Allenfalls scheint es möglich, in Verneinungen und Paradoxien über die Zeit zu sprechen: Sie ist ohne Körper und Form, aber unüberwindlich; messbar, aber mit menschlichen Organen nicht spürbar; allem Anschein nach ewig, aber unumkehrbar.

Nur wenige vermochten ihr Erschauern über den Sog der Geschichte so blumig und zugleich schlicht auf den Punkt zu bringen wie der unterkühlte Mister Spock im Raumepos ›Star Trek‹: »Zeit ist das Feuer, in dem wir brennen.«

Vieles lässt sich wegdenken, die Zeit nicht. Eine Ohnmacht versetzt den Menschen in einen Zustand ohne Bewusstsein. Über das Leben ohne Körper spekulieren immerhin religiöse Seelenlehren. Eine Existenz außerhalb der Zeit aber scheint außerhalb allen Vorstellungsvermögens. So gilt das Sein jenseits der Zeit in den Weltreligionen als Attribut des Unergründbaren, Göttlichen. Die indische Bhagavadgita setzt Gott und die Zeit sogar gleich – das heilige Buch aus dem ersten Jahrhundert nach Christus lässt den Erhabenen erklären: »Ich bin die Zeit.«

Unter dem Einfluss der Naturwissenschaften beginnt sich der Nebel um dieses Mysterium nun zu lichten. Denn indem die Biologen in Genen und Gehirnen nach inneren Uhrwerken fahnden, entzaubern sie auch die Zeit. Für sie ist das Zeitgefühl nur das bewusste Korrelat von chemischen Gleichgewichten in den Nervenzellen. Und was berechtigt eigentlich zu glauben, der scheinbar allgegenwärtige Zeitfluss sei mehr als nur ein Schattenspiel der Neuronen, das dem Menschen von Taktgebern im Kopf vorgegaukelt wird?

Solche Fragen muss sich stellen, wer den belgischen Physikochemiker Ilya Prigogine ernst nimmt. Jedes Wesen, behauptet der Nobelpreisträger, lebe nach einer »Eigenzeit«, es folge einem inneren Rhythmus, den es in sich erzeugt. Kein ferner Gott, sondern ein jeder Erdenwurm sei Schöpfer der Zeit. Als Prigogine vor einigen Jahren mit seinen Thesen, damals noch kaum durch experimentelle Befunde untermauert, die Biologen provozierte, hatten sich die Physiker schon verabschiedet von einem anderen beliebten Konstrukt der Religionen: der Ewigkeit.

Diese ist im Standardmodell von Teilchen und Kosmos, der inzwischen gängigen Vorstellung von der Weltentstehung, die im Kapitel »Die Welt aus dem Nichts« beschrieben wird, nicht mehr vorgesehen: Wie alle Materie und alle Naturgesetze, so müsse auch die Zeit einstmals entstanden sein, behaupten die Kosmologen. Sie berufen sich auf Daten, die Röntgensatelliten zur Erde gefunkt haben, und auf Messwerte, die in riesigen Teilchenbeschleunigern gewonnen wurden. Mit solchen Methoden bestätigen die Forscher auf erstaunliche Weise, worüber Augustinus schon im vierten Jahrhundert spekuliert hatte. Gott, so glaubte der Kirchenheilige, habe nicht die Welt in die Zeit gesetzt, er habe vielmehr Zeit und Welt zusammen erschaffen.

In dieser engen Geschwisterschaft von Zeit und Materie erblicken manche Kosmologen eine fantastische Möglichkeit: den Strom der Zeit zu überholen oder in ihm rückwärts zu reisen. Für durchaus denkbar halten es namhafte Astrophysiker, dass sich kosmische Pfade finden ließen, auf denen künftige Generationen in ihre Vergangenheit und in die Zukunft wandeln werden.

Zwar geben die ernst zu nehmenden Verkünder solcher Visionen zu, noch habe niemand die angeblichen Überhol- und Rückwärtsspuren im Universum gesehen und deren technische Erzeugung stehe im Moment nicht in Aussicht.

Dennoch sind solche Denkmodelle dazu angetan, alle Illusionen von der Unveränderlichkeit der Zeit zu erschüttern, die vordem heiligster Glaubenssatz der Wissenschaft waren. »Die Physiker«, kommentierte das Wissenschaftsmagazin ›New Scientist‹[4], »beginnen sich daran zu gewöhnen, dass es Zeitmaschinen doch geben könnte.«

Keine technische Utopie hat die Fantasie der Sciencefictionautoren derart beflügelt wie diese Maschine, ein Gerät, das H. G.

Wells im Jahr 1895 in die Literatur einführte. In dem berühmten Roman des Engländers unternimmt ein namenloser Tourist einen Ausflug in das Jahr 802 701, berichtet nach seiner Rückkehr seinen alten Freunden von kommenden Zeiten – und bleibt bei einer zweiten Reise in ferne Epochen auf immer verschollen.

Das Filmepos ›2001 – Odyssee ins Weltall‹ verlegt die Zeitreise dagegen ins Innere einer Person: Der Held Bowman trifft bei seiner Weltraumodyssee auf einen schwarzen Monolithen, der ihn erst zum Greisen altern lässt, dann aber in seine eigene Vergangenheit zurückversetzt, bis er schließlich seine Geburt noch einmal erlebt.

Mit solchen Erzählungen aus der Zukunft wurde nur eine Vorstellung wieder aufgenommen, die in alten Kulturen überall auf der Welt lebendig war. In ihrem Drang, dem »Terror der Geschichte«, wie der rumänische Anthropologe Mircea Eliade es formulierte, zu entfliehen, haben sich die Menschen schon früh ein Ideenreich geschaffen, welches die Allmacht der Zeit wenigstens in der Fantasie aufhebt.[5] So entstanden die Mythen der ewigen Wiederkehr – und mit ihnen Vorstellungen, denen etwa die Hindus noch heute anhängen: die Wiedergeburt des Individuums in immer neuen Körpern.

Erst die Ägypter kamen auf die Idee, die Vergangenheit könne auf immer verloren sein. Die Zeit wird von einer Schlange geboren; gefräßige Stundengöttinnen, zwölf an der Zahl, verschlingen sie.

Doch mehr noch als die Mythologie hat eine Erfindung aus dem Alten Ägypten das westliche Zeiterleben geprägt – die Uhr. Die Grabinschrift eines im 15. Jahrhundert vor Christus verstorbenen Gerichtsdieners namens Amenemhet beschreibt ein Wasserchronometer, das dieser Mann ersonnen haben soll: Durch eine senkrechte Reihe von kleinen Löchern fließt Wasser aus einem Toneimer. Bei Sonnenuntergang wird das Gefäß gefüllt; am Sinken des Pegels lässt sich die Tageszeit ablesen.

Die Scherben eines solchen Geräts aus dem 14. Jahrhundert vor Christus fanden Archäologen im Tempel des Pharaos Amun-Re. Elf Jahrhunderte später hatte das antike Uhrmacherhandwerk schon große Fortschritte gemacht: Ctesibius, ein Tüftler in Alexandria, ersann ein Chronometer, in welchem der Wasserfluss allerlei Glocken, bewegliche Puppen und singende Tonvögel antrieb – gleichsam die erste Kuckucksuhr der Menschheit.

Aber erst mechanische Uhren, die im 12. Jahrhundert nach Christus in europäischen Klöstern entwickelt wurden, verhalfen der Zeitmessung zum Durchbruch. Etwa 150 Jahre danach begann Papst Johannes XXII. zu ahnen, in welchem Maße der Takt der Chronometer das Leben der Menschen verändern würde. Er sprach den Bann aus über alle, die sich »mit der Ermittlung von Zeiteinheiten« beschäftigten.[6]

Johannes hatte erkannt, dass Herrschaft über die Zeit Herrschaft über Menschen bedeutet – eine Einsicht, die Revolutionäre aller Couleur fortan auszunutzen versuchten. In der Französischen Revolution hofften die Jakobiner, ihr Kalender mit einer Zehntagewoche würde den Beginn einer neuen Zeit markieren und das Christentum endgültig aus den Köpfen des Volkes verbannen. Und als die Bolschewiken im Oktober 1917 im heutigen Sankt Petersburg die Macht übernahmen, schafften sie alsbald die julianische Zeitrechnung des Zarenreichs ab und installierten den gregorianischen Kalender.

Der beginnende Welthandel in der Epoche des Kolonialismus hatte erstmals minutengenaue Zeitmessung erfordert. Denn Jahrhundertdenker von Galileo bis Newton waren daran gescheitert, die geographische Position eines Schiffs auf dem Ozean durch astronomische Navigation in den Sternen zu finden. Nachdem in einer nebligen Oktobernacht zahlreiche englische Schiffe durch Navigationsfehler auf Felsen vor der Südwestspitze Englands aufgelaufen waren und mehr als zweitausend Seeleute den Tod gefunden hatten, entschloß sich das Londoner Parlament zu einem außergewöhnlichen Schritt. Am 8. Juli 1714 beschied die Regierung der Königin Anna, dass die Abgeordneten eine Prämie von 20 000 Pfund für denjenigen ausgelobt haben, der noch nach sechswöchiger Schiffsreise die geographische Länge auf mindestens 30 Meilen genau bestimmen könne.[7, 8] Es war eines der bedeutendsten wissenschaftlichen Probleme seiner Zeit.

Den Preis, nach heutigem Wert mehrere Millionen Mark, erhielt ein Mann, der die Aufgabe mit einem Chronometer löste. John Harrisson aus Yorkshire war dieser geniale Mechaniker; H-1 nannte er seine Uhr, die für damalige Verhältnisse unvorstellbar genau ging: Auf der Schiffsreise zur Erprobung dieses Werks von London nach Lissabon zeigte H-1 eine Abweichung von nicht mehr als ein paar Sekunden pro Tag.

Mit dieser Errungenschaft konnte jeder Navigator fortan leicht seinen Standort bestimmen, indem er den Sonnenstand mit der Uhrzeit verglich, die das Chronometer anzeigte – in dieser Methode kündigte sich zum ersten Mal Einsteins Erkenntnis an, dass Zeit, Raum und Kosmos aufs Engste miteinander verknüpft sind.

Die nachhaltigste Umwälzung der Neuzeit, die industrielle Revolution, wäre ohne einen weiteren technischen Durchbruch bei der Zeitmessung undenkbar gewesen: Nicht Dampfmaschinen, sondern Uhren in der Tasche jedes Arbeiters waren »die Schlüsselmaschinen für das Industriezeitalter«, schreibt der amerikanische Sozialforscher Lewis Mumford. Erst sie erlaubten es, die Menschenscharen in den immer größeren Fabriken zu koordinieren; ohne die Uhr am Fabriktor hätten die Fließbänder nie funktioniert.

So waren, als 1910 die ersten Bänder in den Schlachthöfen von Chicago anliefen, die Menschen bereits an jenen Minutentakt gewöhnt, nach dem die industrialisierte Erde tickt. Denn Eisenbahn, Seefahrt und Telegraf hatten bereits gegen Ende des 19. Jahrhunderts eine immer genauere Feinabstimmung der Zeit erfordert, schon fünf Jahre nach der Jahrhundertwende hatten Küstenfunkstellen die ersten Zeitzeichen in den Äther gesandt.

Und während Satellitenhandys, Hochgeschwindigkeitszüge und Computernetze inzwischen den Glauben nähren, der Planet sei zu einem globalen Dorf zusammengeschmolzen, scheint die ständige Beschleunigung des Lebens die Gewichte der Weltkoordinaten zu verschieben: Die Zeit entmachtet den Raum. In einer Welt, die vernetzt ist und sich immer rasanter verändert, kommt es nicht mehr so sehr darauf an, ob etwas in Düsseldorf, New York oder Osaka geschieht – per Internet und Fernsehen erfahren ohnehin sekundenschnell alle davon. Nicht mehr der Schauplatz, argumentiert der Philosoph Paul Virilio, bestimme über Wohl und Wehe eines Vorhabens.[9] Die Schicksalsdimension der Geschichte sei nunmehr die Zeit, die zwischen Geschehnissen verrinnt. Viel entscheidender als das Wo ist nun die Frage nach dem Wann.

Solche Bemerkungen aber gründen auf dem populären Glauben an eine Zeit, die ungerührt vom Weltenlauf dahinströmt oder -rast. Für die praktischen Dinge des Lebens mag diese Vorstellung ausreichend sein – dem wirklichen Wesen der Zeit aber entspricht sie nicht. Die moderne Physik hat ein solches Bild als Irrtum entlarvt, obwohl sie ihm selbst jahrhundertelang aufgesessen war. »Gleichförmig und ohne Beziehung auf irgendeinen äußeren Gegenstand«, hatte Isaac Newton im Jahr 1687 geschrieben, fließe die »absolute, wahre und mathematische Zeit«.

Albert Einstein war es, der aufräumte mit dem Glauben, irgendwo müsse es gewissermaßen eine Hauptuhr geben, welche den Herzschlag des Kosmos angibt. Er hob Zeit und Raum vom Sockel der Absolutheit und presste sie in sein Lehrgebäude der allgemeinen Relativitätstheorie, die sich bis heute dem Vorstellungsvermögen sperrt: Die Zeit bilde mit dem Raum eine untrennbare Einheit, die Raumzeit. Und beide, Zeit und Raum, könnten sich strecken und stauchen.

Der Ausgangspunkt für Einsteins Überlegungen war ein Experiment, welches zwei Amerikaner im Jahr 1887 angestellt hatten. Mit einer kunstvollen Anordnung von Lampen und Spiegeln war es Albert Michelson und Eduard Morley gelungen nachzuweisen, dass sich das Licht in alle Richtungen gleich schnell ausbreitet: mit genau 299 792 Kilometern pro Stunde. Für die Wissenschaftler damals war das eine große Überraschung – sie hatten vermutet, dass Lichtblitze nach Westen schneller laufen als solche nach Norden, weil sich bei den Westblitzen zur Lichtgeschwindigkeit noch die Geschwindigkeit der Erdrotation hinzuaddiert, bei den Nordblitzen hingegen nicht. Michelson und Morley aber bewiesen, dass diese Annahme falsch ist – offenbar ist die Lichtgeschwindigkeit, welche die beiden Amerikaner gemessen hatten, das letztgültige Tempolimit.

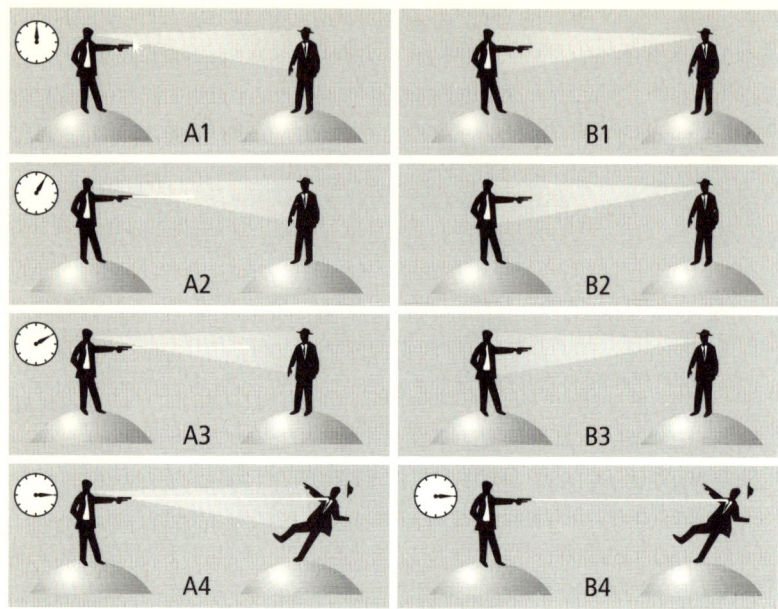

Einsteins Relativitätstheorie zufolge lebt jeder im Kosmos nach seiner eigenen Zeit. Weil sich das Licht nur endlich schnell ausbreitet, sehen sich zwei voneinander entfernte Menschen nur als Bilder aus der Vergangenheit. Deswegen kann für Max geraume Zeit vergehen, bis er nach dem Schuss aus seiner Laserwaffe (A 1) den Lichtblitz Moritz treffen (A 3) und ihn sterben sieht (A 4). Der rechte »Film« zeigt Moritz' Sicht. Er sieht das Abfeuern im selben Moment, in dem der Blitz ihn trifft (B 4).

Einsteins geniale Leistung war es, aus diesem Befund die richtigen Schlüsse zu ziehen. Weil das Licht nicht beliebig schnell reisen kann, folgerte er, lebt jeder im Kosmos nach seiner eigenen Zeit.

Man kann diesen Schwindel erregenden Gedankengang anhand zweier Weltraumkrieger Max und Moritz nachvollziehen, die auf weit voneinander entfernten Planeten stehen und mit Laserwaffen aufeinander schießen (siehe Grafik). Erst dann, wenn der Strahl aus Maxens Kanone Moritz' Raumstation trifft, muss dieser sterben. Für Moritz geschieht beides genau gleichzeitig: Im selben Moment, in dem er Max feuern sieht, fühlt er auch schon seine Wunde. Aus Sicht des Mörders Max hingegen vergeht zwischen den beiden Ereignissen geraume Zeit: Bis er sein Opfer abgeknallt sieht, muss erst der Vernichtungsstrahl aus seiner Waffe zu Moritz hin reisen; dann muss das Licht, das vom Tod des anderen kündet, auch noch zu Max zurück. Deswegen können zwischen Schuss und Sterben für Moritz ein paar Zehntelsekunden, für Max aber durchaus Minuten vergehen.

Zeit und Raum sind unauflöslich miteinander verbunden: Astronomen benutzen Licht sehr weit entfernter Sterne für ihre Erkundungen der frühesten Vergangenheit des Universums, von denen das nächste Kapitel erzählt. Messungen mit Atomuhren in Düsenjägern haben gezeigt, dass sich bei schnellem Flug der Zeitfluss verlangsamt. Ähnliches geschieht in der Nähe sehr schwerer Sternenmassen, weil diese wie Gewicht auf einem Gummituch den Raum »verbeulen« und damit ebenfalls den Lauf der Uhren bremsen.

Alle astronomischen Untersuchungen haben bislang die Relativitätstheorie bestätigt. Und doch keimen seit ein paar Jahren wieder Zweifel daran, dass Einsteins Ideen allgültig seien.

Der Kölner Physikprofessor Günter Nimtz glaubt mit simplen Experimenten beweisen zu können, dass sich die Lichtgeschwindigkeit durchaus überschreiten lässt: Nimtz vollführt in seinem Labor Wettrennen zwischen einem gewöhnlichen Lichtstrahl und Mikrowellen, die er durch ein Hindernis, einen engen Metall-Hohlleiter, funkt.[10]

Um zu zeigen, dass sich auch sinnvolle Signale auf diese Weise übertragen lassen, prägt Nimtz den Mikrowellen wie bei einer Radioübertragung die Klänge von Mozart-Sinfonien auf. Das Ergebnis: Die Musik, die per Mikrowelle durch das Nadelöhr des Hohlleiters muss, überholt das Licht, das sich ungehindert ausbreiten konnte, um einige Milliardstel Sekunden. »Komischerweise«, sagt Nimtz, »ist der Hürdenläufer schneller als der Sprinter.«

Wie eine Untiefe Form und Geschwindigkeit der Meeresbrandung verändert, so verzerrt der Hohlleiter die Mikrowellen, die ihn durchlaufen. An seinem Eingang steht der Wellenkamm noch genau in der Mitte eines jeden Wellenzuges. Je länger aber eine Welle den engen Hohlleiter durchquert, desto mehr rast ihr Gipfel der übrigen Welle davon; am Ausgang schließlich steht der Wellenkamm unmittelbar über dem Anfang der Welle – wie in einer Meereswoge, kurz bevor sie sich bricht. Der Anfang des Mikrowellenzugs hat sich, wie üblich, mit Lichtgeschwindigkeit vorwärts bewegt, doch der Gipfel war schneller.

Mit diesem Versuch hat Nimtz eine subtile Debatte entfacht. Denn einerseits sind sich die Wissenschaftler einig, dass Einsteins Formelwerk die Natur im Allgemeinen zutreffend beschreibt. Andererseits geben auch Nimtz' Gegner zu, dass der Kölner Professor richtig gemessen hat. Doch die Geister scheiden sich, ob seine Ergebnisse wirklich als Phänomene jenseits der Relativitätstheorie zu deuten sind – wie Nimtz dies behauptet. Seine Gegner hingegen berufen sich darauf, dass der Gipfel dem Rest der Welle nur vorangelaufen sei. So habe sich nur der Wellenkamm überlichtschnell bewegt, während die Welle als Ganze mit gewöhnlicher Lichtgeschwindigkeit durch den Hohlleiter eilte. Und darauf komme es an.[11]

»Einsteins Revolution ist unvollendet«, bemerkt der Astrophysiker Paul Davies. Die Tragweite der Relativitätstheorie sei noch gar nicht ausgelotet, denn selbst Einstein sei gefangen gewesen in den Irrtümern des vergangenen Jahrhunderts. So habe er die entscheidende Frage gar nicht erst formuliert: Wie entstand die Zeit?

Tatsächlich besaß erst der Engländer Stephen Hawking die Kühnheit, Zeit und Schöpfung zu einem Ganzen zu verschmelzen – und sie erfolgreich zu vermarkten. Der Kosmologe und Bestsellerautor, von seinen Kollegen als »König der vierdimensionalen Raumzeit« gerühmt, ging mit scharfer Logik ans Werk: Wenn Zeit, Raum und Materie so innig miteinander verwoben sind, wie Einstein behauptet, dann sei es sinnlos, sich einen Zeitfluss dort vorzustellen, wo noch keine Materie war. Es könne also nur so gewesen sein: Mit der kosmischen Materie wurde im Höllenfeuer des Urknalls, bei mehr als 10 000 Billionen Grad, die Zeit geboren.[12]

Was war vorher? Diese Frage sei müßig, erklärt Hawking. »Genauso gut kann man nach den Ländern nördlich des Nordpols fragen.«

Die Geburt der Zeit vor mindestens 15 Milliarden Jahren hat ihre unauslöschlichen Spuren hinterlassen. Bis heute wetterleuchtet im Weltall eine Hintergrundstrahlung, die wie ein Echo des Urknalls von den ersten drei Minuten berichtet.

Aus den leichten Kräuselungen dieser elektromagnetischen Wellen, 1992 von dem Forschungssatelliten »Cobe« aufgenommen, lasen Kosmologen eine Bestätigung der Theorien von der Urknallgeburt der Zeit; auch davon berichtet das nächste Kapitel. Eine Nachfolgemission, geplant für das Jahr 2005, soll diesen Teil der Schöpfungsgeschichte mit neuen Details anreichern; manche Forscher hoffen sogar zu erfahren, wie sich der Urknall allmählich anbahnte.

Solches Wissen – und Erstaunen – darüber, in welchem Maß der Zeitlauf selbst nur eine Folge der kosmischen Ereignisse ist, lässt die Vermutung nicht mehr so fantastisch erscheinen, auch der Mensch könne die Zeit manipulieren. Die Zeitreise, die größenwahnsinnigste aller menschlichen Machtfantasien, ist in den Bereich des Denkbaren gerückt.

Der Astrophysiker Kip Thorne hat diese Kopfgeburt zum Gegenstand ernsthafter Wissenschaft erhoben. Dabei tut Thorne, der am California Institute of Technology forscht und sich mit der Vorhersage von Schwerkraftwellen einen Namen gemacht hat, alles, damit Aufsehen um seine Theorien vermieden werde. Seine Veröffentlichungen in physikalischen Fachblättern überschrieb er mit bewusst unverständlichen Titeln, damit die Öffentlichkeit nicht auf den wahren Gehalt seiner Arbeit aufmerksam würde.

Thornes Forschungen begannen, als im Jahr 1985 der mit ihm befreundete Autor Carl Sagan anfragte, ob überlichtschnelle Weltraumreisen, die nach der Relativitätstheorie scheinbar unmöglich sind, nicht doch machbar wären. Er, Sagan, brauche so etwas für den Plot eines Sciencefictionromans.[13]

Thorne löste ein paar Einsteinsche Gleichungen und fand unverhofft galaktische Schleichwege, auf denen Überlichtgeschwindigkeit gar nicht nötig wäre, um die Zeit zu überholen. Für diese Gebilde fand Thorne einen griffigen Namen: kosmische Wurmlöcher.[14]

Ein Wurmloch ist so etwas wie ein schwarzes Loch mit Hinterausgang – und damit die wohl sonderbarste Ausgeburt der Relativitätstheorie. Zwar zweifelt niemand mehr daran, dass es schwarze Löcher, nach dem Astrophysiker John Taylor »die unheimlichsten Objekte, die der Mensch kennt«, wirklich gibt – die Messungen der Röntgensatelliten belegen es. Nichts kann aus ihnen entkommen, weil sie mit ihrer riesigen Masse sogar das von ihnen ausgehende Licht festhalten. Unstrittig ist, dass in schwarzen Löchern, ebenfalls wegen ihrer enormen Masse, die Zeit stillsteht. Das Wesen dieser Toteninseln im All besteht aber darin, dass sie nichts mehr von dem hergeben, was sie einmal verschlangen.

Wurmlöcher hingegen, das legen Thornes Berechnungen nahe, sollen so transparent sein, dass man hindurchgucken kann – und dass sie den Zeitreisenden, der sich ihnen anvertraut hat, am anderen Ende ihres Schlundes bereitwillig ausspucken.

Denn die kosmische Raumzeit ist buckelig wie ein deutsches Mittelgebirge; ein Wurmloch ist eine Art Tunnel darin. Während Materie und Menschheit heute noch den mühevollen Weg über die Erhebungen nehmen müssen, könnten perfektere Zivilisationen einfach untendurch sausen – und unbehelligt vom gewöhnlichen Gang der Dinge an ganz anderen Punkten des Raum-Zeit-Kontinuums wieder auftauchen. Problemlos könnte sich dann ein künftiger Erdenbewohner etwa in seine Jugendzeit versetzen. Der Wurmlochtunnel könnte sogar als Kringel durch die vierdimensionale Raumzeit führen, Zeitreisen wären dann ohne jeden Ortswechsel möglich. Eingang und Ausgang der Wurmloch-Zeitmaschine müssten sich nur an derselben Stelle zur Realwelt hin öffnen.

Nicht einmal Thorne kann sich eine reale Zeitmaschine auch nur im Entferntesten vorstellen. Auch ihm ist unklar, wo die gewaltigen Mengen »exotischer Materie« zu besorgen wären, die die Raumzeit derart verbeulen könnten, dass Wurmlöcher darin wüchsen.

Trotzdem zeigt die Forschergemeinde alle Zeichen der Verunsicherung – wie stets, wenn ein Weltbild ins Wanken gerät. Physiker und Philosophen streiten heftig über die Schwierigkeiten, welche sich bereits aus der Denkbarkeit einer Zeitmaschine ergeben.

Auf dem Spiel steht das gesamte kosmische Getriebe von Ursache und Wirkung, denn eine funktionierende Zeitmaschine könnte paradoxe Folgen haben. Theoretisch denkbar ist nun, was es bisher nur in Sciencefictionfilmen gab: die seelenkranke Zeitreisende, die sich dermaßen in das Jugendbild ihres Vaters verliebt, dass sie in die Vergangenheit fährt und eifersuchtstrunken ihre Mutter noch vor deren erstem Geschlechtsakt erschießt.

Keineswegs lässt sich die Aussicht auf solche Elektra-Raserei mit Stephen Hawkings populärem Einwand abtun, eine Zeitmaschine könne es nicht geben, denn sonst wären die Heutigen längst von Besuchern aus der Zukunft überrannt. Zumindest darüber nämlich sind sich die Forscher einig: Selbst die beste Zeitmaschine erlaubte Rückwärtsreisen nur bis zu jenem Tag, an dem sie erbaut wurde.

Igor Novikov, von Moskau nach Kopenhagen emigrierter Physiker, hat weiter gedacht. Ihm gelang 1996 ein mathematischer Nachweis, dass es grundsätzlich unmöglich ist, per Zeitreise die Vergangenheit zu ändern.[15] Allenfalls als stille Beobachter könnten die Ankömmlinge aus fernen Epochen auftreten.

Die noch nicht Geborenen würden stumm unter den Heutigen wandeln – es wäre ein Besuch staunender Geisterwesen, der an Szenen erinnert, wie sie sich der französische Schriftsteller Jean-Paul Sartre ausmalte: In seinem Drehbuch zum Film ›Das Spiel ist aus‹ mischen sich die Toten unter die Lebenden, ohne dass diese es wahrnehmen. Machtlos stolpern zwei ermordete Revolutionäre durch ihre einstige Umgebung, von den noch Lebenden gleichsam durch eine unsichtbare Wand getrennt, die ihrem Tun alle Wirkung nimmt.

Mit seinen Berechnungen hat Novikov einen der stärksten Einwände gegen Ausflüge in andere Epochen aus dem Weg geräumt: Indem er zeigte, dass auch eine Zeitmaschine den Kanon von Ursache und Wirkung nicht durcheinander brächte, lieferte er das letzte Argument in einer Gedankenkette, welche die menschliche Vorstellung vom Wesen der Zeit von Grund auf verändert hat.

Immanuel Kant hat die Zusammenhänge, die die Physiker jetzt aufdecken, schon 1770 erahnt. Die Zeit sei »nichts Objektives und Reales«, schrieb er, sondern die »Form des inneren Sinnes« – eine Achse der Anschauung also, auf welcher der Mensch seine Erfahrungen ordne.[16] Die Zeit entstehe im Kopf.

Damit hat Kant als erster eine Unterscheidung benannt, die Denker wie Hawking noch heute umtreibt: Die Zeit des Kosmos entspricht nicht zwangsläufig der Zeit, die der Mensch erlebt. Schon in ihrer grundlegendsten Eigenschaft, der Richtung ihres Verlaufs, könnten beide Arten von Zeit verschieden sein. Wir erinnern uns an die Vergangenheit, nicht an die Zukunft – für das menschliche Erleben erscheint die Zeit wie ein vorwärts gerichteter Strahl. Nach den elementarsten Gesetzen der Physik jedoch ist die Zeit als Einbahnstraße keineswegs naturgegeben. Die Gleichungen, die das Verhalten der Atome und Elementarteilchen beschreiben, lassen es genauso gut zu, dass die Zeit rückwärts liefe.

Erst auf einer höheren Ebene scheint die Unumkehrbarkeit der Zeit eine Rolle zu spielen: Nie wurde es gesehen, dass ein zersprungenes Glas sich von selbst wieder zusammensetzte – obwohl es die Bewegungsgesetze seiner Atome eigentlich zuließen. Rührt aus diesem Hang der Natur zu immer mehr Unordnung die menschliche Erfahrung der vorwärts fließenden Zeit?

Wie das Zeiterleben des Menschen zustande kommt, darüber immerhin haben Biologen neuerdings eine Fülle von Erkenntnissen zutage gefördert. Genmanipulationen, Hirndurchleuchtungen und Ableitungen von Nervenströmen verschafften den Forschern Zugang zu den inneren Taktgebern des Lebens.

Sicher ist nun, dass biologische Stundengläser existieren und dass sie nicht nur das Erleben der Zeit steuern, sondern fast alle Regungen zwischen Geburt und Tod. Nach Ansicht vieler Hirnforscher sind manche der pulsierenden Nervenzentren im Kopf möglicherweise sogar der Schlüssel zum Verständnis des Bewusstseins.

Solche Einschätzung kommt einem Paradigmenwechsel der Biologie gleich. Denn die Forschergemeinde, fest im Glauben an eine äußere, objektive Zeit, belächelte jene wenigen Kollegen, die nach inneren Uhren suchten, jahrzehntelang als hoffnungslos verblendete Esoteriker.

Dabei gab es seit langem Hinweise auf biologische Zeitgeber bei Pflanzen, Tieren und Menschen. Schon 1729 berichtete der

Astronom Jean-Jacques d'Ortous de Mairan von einer seltsamen Beobachtung bei seinen Spaziergängen in den Pariser Botanischen Gärten. Ihm war aufgefallen, dass Mimosen ihre Blätter exakt im 24-Stunden-Rhythmus auf- und zuklappen. Eine Wirkung des Sonnenlichts? Mairan setzte die Sträucher in einen dunklen Raum – auch dort vollführten die Mimosen den seltsamen Tanz ihrer Fiedern.

Der Naturforscher Carl von Linné, der Ähnliches von anderen Gewächsen wußte, soll sich sogar eine Blumenuhr in den Garten gepflanzt haben. Zwölf verschiedene Blüten zeigten mit ihrem Öffnen und Schließen die Zeit angeblich auf eine halbe Stunde genau an.

Auch im Tierreich gibt es Anzeichen dafür, dass jede Kreatur, von einer inneren Uhr gesteuert, nach ihrem eigenen Zeitmaß lebt: Die Maus huscht dahin, der Löwe schreitet gemessen, das Nilpferd watet wie in Zeitlupe.

Derart unterschiedliche Geschwindigkeiten, so schreibt der Biologe Stephen Jay Gould, verblüffen aber nur, wenn man sie von außen misst, an der Fiktion einer absoluten Zeit.[17] Beziehe man dagegen Lebenstempo und Lebensspanne der Tiere auf ihre Größe, so stelle sich heraus, dass hier eine Gesetzmäßigkeit existiere: Je gewaltiger ein Tier, umso langsamer verrinnt seine Zeit.

Ethnologen entdeckten eine solche Zeit-Relativität auch beim Menschen: Bei Vergleichsuntersuchungen zeigte sich, wie wenig die äußerlich ablaufende Zeit für das Lebenstempo bedeutet. Bewohner von Millionenstädten wie Tokio oder München bewegen sich, reden und reagieren im Durchschnitt mehr als doppelt so schnell wie griechische Bauern.

Doch erst in den letzten Jahren entdeckten Gehirnforscher und Molekularbiologen schrittweise Organe, die tatsächlich steuern, in welchem Tempo die innere Zeit verrinnt. Zwei Zentren im Kopf schlagen demnach den Takt des Lebens: Ein Knoten von Nervenzellen hinter dem Auge dient als Steuerzentrale für den Tagesrhythmus; ein Hirnareal zwischen den Ohren arbeitet wie eine natürliche Eieruhr, mit welcher das Gehirn Sekunden- und Minutenspannen misst.

Die University of Virginia koordiniert die Arbeiten und Ergebnisse all jener Forscher, die auf der Suche nach der Körperzeit sind. Von dort aus steuert der Chronobiologe Gene Block das Clock Genome Project. Ausgestattet mit einem Millionenetat, soll das Programm aufdecken, wie das Erbgut den Rhythmus aller Kreaturen bestimmt.[18]

Nicht einmal stecknadelgroß ist der Nervenknoten, den Block aus dem Großhirnboden eines Hamsters herauspräpariert hat. Tagelang liegt das Gebilde, von einer Nährlösung umströmt, in völliger Dunkelheit. Und doch sendet es elektrische Ströme durch haarfeine Elektroden, die Block in die weiche Gehirnmasse gebohrt hat. Wie Ebbe und Flut schwellen die winzigen Impulse an und ab – genau im Rhythmus von 24 $\frac{1}{2}$ Stunden.

»Es ist ein autonomes Hirnzentrum, das den Tagesrhythmus steuert«, erklärt Block. Offenbar dient das Organ, suprachiasmatischer Nukleus genannt, als körpereigener Wecker: Am frühen Morgen, noch während des Schlafes, facht er die Körpertemperatur an und stimuliert die Hormone. Eine Nervenleitung zur Netzhaut synchronisiert die Bio-Uhr mit dem Sonnenaufgang. Am stärksten spricht das System auf das schwache Licht der Dämmerung an.

Dieser natürliche Zeitgeber arbeitet bis auf ein Prozent genau: Während einer Nacht beträgt die Gangabweichung weniger als fünf Minuten. So erklärt es sich, dass viele Menschen aufwachen, kurz bevor ihr Wecker klingelt.

Mit Luciferin, einem natürlichen Leuchtstoff, wollen Blocks Kollegen herausfinden, wie die Körperuhr funktioniert. Sie haben ein Gen, das Luciferin, aktiviert, aus Glühwürmchen ausgebaut, in Fruchtfliegen-Embryos eingeschleust und dort an die Uhrwerk-Gene »per« und »tim« geheftet.

In den umgebauten Fliegen leuchten »per« und »tim« wie Signallämpchen auf, wenn sie aktiv sind und das zelluläre Stundenglas in Gang setzen. Tagsüber produzieren sie zwei Proteine, die sich in der Zelle ansammeln und bei schwindendem Tageslicht die Aktivität von »per« und »tim« hemmen. Nachts baut die Zelle die Proteine ab; morgens kommen »per« und »tim« wieder in Gang – der Kreislauf beginnt von vorne.

Doch nicht nur im Hirn der »Leuchtfliegen« glitzerten die Zeitgene. Sie funkelten auch in den Fühlern und sogar im Darm. Sitzen dort Nebenuhren? »Überall finden wir Rhythmen«, wundert sich Block. »Aber warum?« Sind die versprengten Oszillatoren ein längst überflüssig gewordenes Relikt der Evolution – wie der menschliche Blinddarm? Stammen sie aus einer Zeit, als das Gehirn noch nicht erfunden war und jede Zelle für ihr Ruhen und Wachen selbst sorgen musste? Dafür spricht, dass derartige Zeitgeber selbst in Pilzen und Algen gefunden wurden.

Den zweiten inneren Chronometer hingegen, die Stoppuhr zwischen den Ohren, besitzen nur höher entwickelte Tiere. Ein Neurotransmitter, Dopamin, erzeugt in diesem Kurzzeit-Timer offenbar das Gefühl für das Fließen der Zeit. Wie in einer Sanduhr tropft aus einer Hirnstruktur Dopamin in einen Zellbehälter; über eine Nervenleitung zum Großhirn wird der jeweilige Pegel abgelesen.

Um diese Vermutung zu beweisen, operierten US-Biologen einmal den Behälter, ein andermal die Nervenleitung aus den Gehirnen von Ratten heraus. In beiden Fällen verloren die Tiere die Fähigkeit, Zeitabstände zu unterscheiden.

Für Ratten hingegen, die eine Überdosis Dopamin bekommen hatten, begann die Lebenszeit zu rasen: Sie flitzten wie überdreht durch ihre Käfige, reagierten überschnell auf Versuchsaufgaben und paarten sich unablässig.

Ein Pariser Psychiater, Chara Malapani, glaubt mit Dopamin auch das menschliche Zeiterleben verzerren zu können. Parkinson-Patienten, deren Hirne diesen Stoff nicht mehr geregelt produzieren, können Zeitintervalle weder unterscheiden noch erinnern.[19] Sie lernten beides wieder, als Malapani ihnen Dopamin steigernde Drogen gab. Nun beginnen Malapanis Kollegen mit gesunden Versuchspersonen zu experimentieren. Computertomographien des Gehirns sollen den Gang der Uhr im Kopf aufzeichnen und detailliert zeigen, wozu sie dient.

Sicher ist jetzt schon: Wie kaum ein anderes Organ scheint das Gehirn auf präzises Timing angewiesen. Erst durch eine millisekundengenaue Zeitsteuerung kann das Großhirn aus dem ständigen Gewitter von Nervenimpulsen im Kopf Bilder, Gedanken und Erinnerungen zusammenfügen.

Das geschehe in regelmäßigen Rhythmen, die wie Buschtrommellaute durch das Bewusstsein donnern, glaubt der Münchner Neuropsychologe Ernst Pöppel.[20] Die Wahrnehmung der fließenden Zeit sei eine Illusion. Denn von Trommelschlag zu Trommelschlag zerhacke das Gehirn die Zeit in Häppchen von dreißigtausendstel Sekunden Dauer.

»Das Jetzt ist kein Punkt, sondern eine Ausdehnung«, behauptet Pöppel. Er beruft sich auf Experimente, in denen er Versuchspersonen Klicklaute und Lichtblitze vorspielen ließ. War der Abstand zwischen zwei Reizen kürzer als dreißigtausendstel Sekunden, konnten die Versuchspersonen nicht mehr erkennen, welcher der beiden Impulse zuerst kam.

Dieses Unvermögen, meint Pöppel, sei in Wahrheit ein genialer Datenverarbeitungstrick: So überwinde das Gehirn die Schwierigkeit, Eindrücke zu verbinden, die zwar zusammengehören, aber etwas versetzt voneinander im Kopf eintreffen – zum Beispiel die Worte und den Anblick eines Gegenübers.

Signale werden laut Pöppel in einem »Gegenwartsfenster«, einer 30-Millisekunden-Zeitinsel zwischen Vergangenheit und Zukunft, gesammelt, bis das Gehirn sie weiterverarbeitet – der Bewusstseinsstrom bestehe wie ein Kinofilm aus dem Vorbeiflimmern von Einzelbildern.

Tatsächlich haben Neurowissenschaftler in Hirnströmen ein Geknatter mit eben jener Frequenz gemessen, wie sie Pöppel für seine Gegenwartsfenster annimmt. Geradezu als einen Generalbass des Geistes betrachten manche Forscher diese Impulse, seit sie nicht nur beim Menschen festgestellt wurden, sondern auch bei Affen, Katzen und Fliegen. Trotzdem sind die Zeitabläufe im Gehirn mit Sicherheit weit komplizierter, als es die unterhaltsamen – und eher vereinfachenden – Spekulationen des Psychologen Pöppel nahelegen. In welchem Ausmaß das Gehirn die Zeit manipuliert, bewies der US-Neurophysiologe Benjamin Libet mit Experimenten, die ebenso spektakulär sind wie der Schluss, den er daraus zog: »Das Ich lebt niemals im Jetzt.«

Libet hatte ausgenutzt, dass es möglich ist, dem Patienten vor einer Hirnoperation bei vollem Bewusstsein die Schädeldecke zu öffnen und auf diese Weise dem Gehirn bei der Arbeit zuzusehen.

Er setzte seine Probanden einer Uhr gegenüber und reizte einige ihrer offen liegenden Nervenbahnen durch elektrische Impulse. Damit spiegelte er ihnen vor, etwas berühre ihre Hand. Dann bat er die Patienten um Auskunft, wann sie etwas gespürt hatten.[21]

Zu Libets Überraschung behaupteten die Versuchspersonen, sie hätten den Reiz fast eine halbe Sekunde früher wahrgenommen, als er ihn ausgelöst hatte (siehe Grafik).

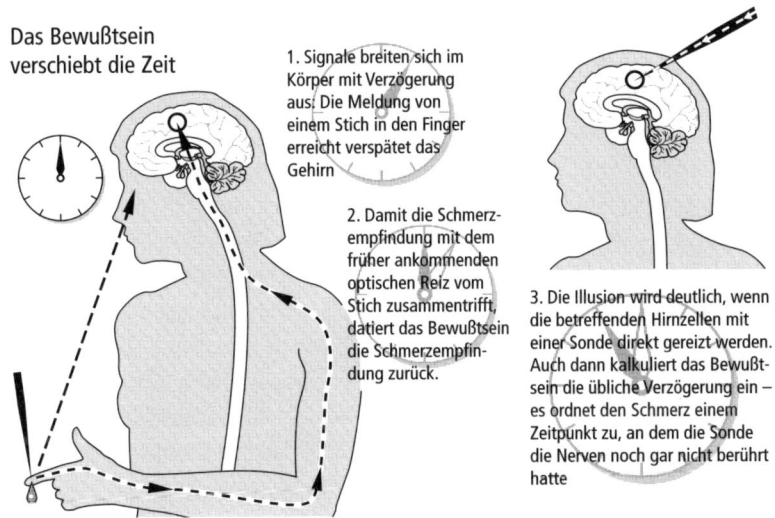

Das Bewußtsein verschiebt die Zeit

1. Signale breiten sich im Körper mit Verzögerung aus: Die Meldung von einem Stich in den Finger erreicht verspätet das Gehirn

2. Damit die Schmerzempfindung mit dem früher ankommenden optischen Reiz vom Stich zusammentrifft, datiert das Bewußtsein die Schmerzempfindung zurück.

3. Die Illusion wird deutlich, wenn die betreffenden Hirnzellen mit einer Sonde direkt gereizt werden. Auch dann kalkuliert das Bewußtsein die übliche Verzögerung ein – es ordnet den Schmerz einem Zeitpunkt zu, an dem die Sonde die Nerven noch gar nicht berührt hatte

Dieses scheinbar paradoxe Phänomen erklärte Libet als Trick des Gehirns, sich seine eigene Trägheit unbemerkt zu machen: Normalerweise gelangen Nervenerregungen erst mit einiger Verspätung über das Kleinhirn zur Großhirnrinde und damit ins Bewusstsein. Um dem Menschen jedoch die verwirrende Empfindung zu ersparen, dass er der Wirklichkeit hinterherlaufe, datiere das Hirn die Ereignisse zurück.

Indem Libet das Großhirn direkt anregte, hatte er die Langsamkeit des Geistes umgangen. Doch weil sie dies nicht wissen konnten, kalkulierten die Gehirne der Probanden die normale Verspätung ein und gaben an, die Hand sei eine halbe Sekunde früher berührt worden.

Demselben verwirrenden Illusionsspiel begegnete Libet, als er sich auf die Suche nach dem Ursprung des Willens machte. Er forderte die Patienten auf, einen Finger der rechten Hand zu krümmen; dabei sollten sie die Uhr im Blick behalten und hinterher sagen, wann sie ihren Entschluss, den Finger abzubiegen, gefasst hatten. Währenddessen zeichnete Libet die Hirnströme auf.

Wieder registrierte er eine Verzögerung: Zu dem Zeitpunkt, an dem die Versuchspersonen ihren Entschluss bemerkten, waren ihre Neuronen längst aktiv. Mindestens eine Drittelsekunde vorher zeigten die Hirnströme an, dass die Nervenzellen schon die Befehle für die Bewegung gaben. Offenbar hatte das Gehirn eine Entscheidung getroffen, bevor diese ins Bewusstsein gelangt war.

Ist der menschliche Geist demnach heillos verspätet, der freie Wille nur eine Illusion? Viele Forscher sind dieser Auffassung, wie das Kapitel ›Abschied vom Ich‹ berichtet. Libet selbst dagegen bestreitet solche defätistischen Schlussfolgerungen aus seinen Experimenten. »Wir haben immer noch Zeit, die Planungen des Unbewussten vor ihrer Ausführung zu stoppen.«

Ein schwacher Trost – es bleibt das Erschrecken über das trügerische Wesen der Zeit. Nicht mehr wegdeuten lässt sich die Irritation darüber, wie wenig die Zeit der Innenwelt einhergeht mit dem, was die Armbanduhr zeigt.

Libets Erkenntnisse – und die Experimente jener Biologen, die nach der inneren Uhr suchen – sind die Wegmarken, an denen sich das menschliche Verständnis der Zeit künftig orientieren wird. Mit ihnen wird sich die Philosophie des Bewusstseins auseinander setzen müssen; und das menschliche Selbstverständnis wird an der Essenz solcher Laborberichte kaum vorbeikommen.

So treiben die Beobachtung von Fliegen mit leuchtenden Uhrgenen und die Kurven menschlicher Hirnströme auf den Laborbildschirmen die Abkehr vom Glauben an die allmächtige Zeit voran. Denn passgenau decken sich die Nachrichten von den Seziertischen der Hirnforscher mit dem, was die Kosmologen längst ahnten: Nichtig sind alle Fragen nach dem Wesen der Zeit. Sinnlos ist es, über eine Zeit jenseits der Dinge und damit jenseits des Lebens auch nur zu reden. Erst aus den Ereignissen erwächst die Zeit.

Von der Steinzeit bis in die Gegenwart führte der Weg – vom ersten Staunen über den regelmäßigen Lauf der Sonne bis zur Eichung der Welt auf eine Einheitszeit. 5 000 Jahre brauchte die Menschheit, um sich an die Abstraktion einer allumfassenden Zeit zu gewöhnen. In kaum einem Jahrzehnt haben Physiker und Biologen nunmehr dieses Bild von der Zeit zerstört.

Albert Einstein, der große Visionär der Physik, mag eine solche Entwicklung schon 1955 im Sinn gehabt haben. »Die Scheidung zwischen Vergangenheit, Gegenwart und Zukunft«, schrieb der Nobelpreisträger damals, hat »nur die Bedeutung einer wenngleich hartnäckigen Illusion.«

Die Welt aus dem Nichts

Die Zeit begann mit der Welt: Könnte sie auch mit der Welt enden? Unauflöslich sind den großen Mythologien Anfang und Ende des Universums miteinander verknüpft. Denn es sollen dieselben Kräfte sein, die beides bewirken.

»Wie ein Dieb«, so unvermutet werde der Tag des Herrn kommen. Dann sei das Ende der Zeiten herangerückt, prophezeite der Apostel Petrus. »Die Himmel werden zergehen mit großem Krachen, die Elemente werden vor Hitze schmelzen«, schrieb er in seinem zweiten Brief an seine Glaubensgenossen. So, wie die Erde einst durch die Sintflut vernichtet wurde, sei der Himmel »aufgespart für das Feuer«.

Hindus und Buddhisten glauben an eine zyklische Zeit, in der die Welt immer wieder von neuem geboren wird und vergeht; Angst, der Kosmos könnte zusammenbrechen, kannten auch die alten Germanen. »Die Sonne wird schwarz«, heißt es in der ›Edda‹, der Heldensaga aus dem 9. Jahrhundert. »Es stürzen herab die strahlenden Sterne, der Himmel zerspringt.«

Kaum anders, nur etwas prosaischer, behandelt Stephen Hawking das Thema Apokalypse. Der Raum werde vergehen, der Zeitstrom dereinst versiegen, schrieb er in seinem Bestseller ›Eine kurze Geschichte der Zeit‹. Nur zwei Möglichkeiten, gleichermaßen trostlos, stünden nach den Gesetzen der Relativitätstheorie noch offen: Entweder stürzten Raum, Zeit und Materie in schwarze Löcher, oder das Universum falle »in einem großen Endknall«, wie Hawking es formulierte, in sich zusammen.

Doch Hawking hat sich getäuscht, wie alle Propheten des Welt-

untergangs. Messungen an explodierenden Sternen, Galaxien-
haufen und kosmischen Radiosignalen, deren Ergebnisse erstmals
zu Jahresbeginn 1998 in der wissenschaftlichen Fachpresse bekannt gegeben wurden und die sich seitdem immer mehr erhärten,
geben den Apokalyptikern Unrecht: Ein Ende des Weltalls wird
wohl nie kommen. Die Zeit wird ewig andauern.[1]

Damit hat sich die Wissenschaft von der Vision eines Welten-
endes verabschiedet. Eine der tiefsten Ängste der Menschheit hat
sich als irrig erwiesen.

Statt zu kollabieren, wird sich das Universum immer weiter und
immer schneller ausdehnen – als herrsche im Weltall, wie in einem
explodierenden Kessel, ein Druck, der es auseinander treibt. Weil
dadurch die Abstände zwischen den Sternen ständig wachsen, sehen die Astrophysiker den Kosmos der Zukunft zunehmend leerer und leerer werden.

Der junge australische Astronom Brian Schmidt hatte als einer
der ersten die Untersuchungen ausgewertet, aus denen sich die
ewige Expansion ergibt. »Gefühle zwischen Überraschung und
Horror« hätten ihn dabei überfallen, erzählt er. Doch nicht die Vision von der allumfassenden Leere habe ihm Schrecken eingejagt,
sondern die Angst, dass kein Kollege ihm glauben würde.

Vor einem schmachvollen Ende seiner Karriere muss sich der
Wissenschaftler aus Canberra nun nicht mehr fürchten – inzwischen werden diese Resultate als Zeitenwende in der Erforschung
des Weltraums gefeiert. Denn auch für die Wissenschaft hängen
die Fragen nach der Zukunft und der Herkunft des Kosmos direkt
zusammen. So, wie man die Herkunft eines Geschosses bestimmen kann, wenn man dessen Zielrichtung kennt, lassen auch Daten über das kommende Schicksal des Alls auf seine Ursprünge
schließen.

Noch eine Entdeckung ist den Astronomen gelungen: Eine bislang unverstandene Energie, die so genannte kosmologische Konstante, ist die Ursache dafür, dass die Galaxien auseinandertreiben
und der Weltraum seit seiner Geburt immer mehr aufgebläht wird.
»Eine kosmische Antigravitation« sei nachgewiesen worden, so
umschrieb es die Wissenschaftszeitschrift ›Science‹.[2]

»Wir sind etwas Großem auf der Spur«, glaubt der Astronom Richard West, Sprecher der Europäischen Sternwartenorganisation Eso (European Southern Observatory). Könnte in den Mechanismen der Ausdehnung begründet liegen, wie das Universum entstand und warum es seine heutige Gestalt hat?

Die Analyse der Daten, aus denen sich die immerwährende Ausdehnung und die kosmologische Konstante ergeben, ist noch nicht abgeschlossen. Aber schon jetzt ist der Blick der Kosmologen auf die Welt ein anderer geworden als noch vor ein paar Jahren. »Der Rahmen des Bildes vom Woher und Wohin des Universums, nach dem wir so lange gesucht haben, ist nun bekannt«, sagt der Münchner Astrophysiker Gerhard Börner. »Nun arbeiten wir an den Details des großen Gemäldes.«

Manche Forscher glauben sogar, dieses Bild sprengen zu können. Sie reden von einer zweiten kopernikanischen Revolution und behaupten, unser Kosmos sei nur einer von vielen.

So viel Entdeckermut ist erstaunlich, denn noch Mitte der 90er Jahre stellte sich die Situation der Kosmologen als fast aussichtslos dar. Je tiefer sie in die Geheimnisse des Alls zu dringen suchten, desto mehr Rätseln sahen sie sich gegenüber. Erbittert und ratlos stritten die Kosmologen zum Beispiel über das Alter des Universums, denn es schien jünger zu sein als seine ältesten Sterne. Während nämlich die Forscher damals aufgrund von Messungen der Galaxienbewegung dachten, der Urknall habe vor acht bis zehn Milliarden Jahren stattgefunden, deutete das Licht von Kugelsternhaufen darauf hin, dass diese vor mindestens zwölf Milliarden Jahren entstanden sein mussten. »Wir sind mit unserer Weisheit am Ende«, klagte der US-Astrophysiker Michael Turner.

Plötzlich aber, gegen Ende des Jahres 1998, war diese qualvolle Zeit der Unstimmigkeiten vergessen. Aus Daten vom Weltraumteleskop Hubble ergab sich das Alter des Alls: etwa 15 Milliarden Jahre. Die Kugelsternhaufen sind indes als deutlich jünger erkannt worden.

Dass die Forscher auf einen Schlag so viel weiter kamen, verdanken sie zuallererst ihrer Technik. Mit Superteleskopen, die in den Tiefen des Raums selbst die schwächsten Signale entdecken, haben sich ihnen neue Fenster zum All aufgetan. Die Unsummen, die in diese Geräte investiert werden, zahlen sich jetzt aus.

1,5 Milliarden Dollar kostete allein das Hubble-Weltraumteleskop, das schon bei seinem Start im Jahr 1990 der teuerste Satellit war, der je in die Erdumlaufbahn geschossen wurde. Eine weitere Milliarde verschlang die Reparatur drei Jahre später, für die sieben Astronauten eigens ins All reisten, weil sich die Sonde als sehschwach erwiesen hatte.

Aber das Geld scheint gut angelegt. Nie zuvor haben Menschen so weit in die Ferne geschaut wie beim Blick auf das Hubble Deep Field, einen winzigen Ausschnitt des Sternbildes Großer Bär, dessen Bilder das Weltraumteleskop im Dezember 1995 zur Erde funkte. Die Galaxien dort, bis zu zwölf Milliarden Lichtjahre entfernt, zeigten, dass das All selbst in seinen fernsten Winkeln aus ähnlichen Sternhaufen besteht wie die Umgebung der Erde.

Spektakuläre Aufnahmen kommen neuerdings auch von irdischen Teleskopen. Zwar bringen diese Riesenfernrohre, die in den vergangenen Jahren auf Bergen in Chile und Arizona sowie auf Hawaii in Betrieb genommen werden, nicht ganz so gestochen scharfe Fotografien wie das im Weltraum kreisende Hubble-Observatorium, denn unvermeidlich verzerrt die irdische Lufthülle die Bilder. Aber dafür reagieren die auf der Erde stationierten Teleskope noch sensibler: In ihren gewaltigen Hohlspiegeln bündeln sie das Licht selbst der allerschwächsten Sterne.

Welcher Aufwand hierzu nötig ist, zeigt sich beim Very Large Telescope des europäischen Forschungskonsortiums Eso in der chilenischen Atacama-Wüste. Es ist das neueste und monströseste aller Superfernrohre und wurde in einem Landstrich aufgebaut, der so trocken ist, dass normalerweise nur an einem Dutzend Tagen im Jahr etwas Dunst in der Luft hängt. Um Platz zu schaffen für die vier Beobachtungsdome, musste der Gipfel eines 2 600 Meter hohen Berges weggesprengt werden.

Jeder der vier silbrigen Türme beherbergt einen Spiegel von über acht Metern Durchmesser; Objekte, tausendmilliardenmal dunkler als Sirius, der hellste Stern am Nachthimmel, sollen damit erkennbar werden.

Als die erste Kuppel im vergangenen Mai in Betrieb ging, erreichte dieses Riesenfernrohr auf Anhieb eine auf Erden nie da gewesene Sehkraft. Doch seine volle Leistung wird das Observatorium in Chile erst erzielen, wenn in den nächsten Jahren auch die anderen Beobachtungsdome fertig sind. Zusammengeschaltet sollen die vier Riesenteleskope noch empfindlicher werden: Vier Hohlspiegel richten sich dann auf jeden Stern und fangen sein Licht ein; Computer setzen die Einzelbilder zusammen. Stapften Astronauten über den Mond, das fertige Very Large Telescope könnte sie fotografieren.

Ohne die Hilfe der Computer werden dann kein Stern und keine Galaxie zu erkennen sein. Aber durch Okulare schauen die meisten Astronomen ohnehin schon lange nicht mehr. Detektoren und Spezialkameras haben das Auge ersetzt, die Superteleskope werden ferngesteuert, die Hallen, in denen sie stehen, sind menschenleer.

»Die romantische Zeit des Stereneguckens ist vorbei«, sagt Ralf Bender von der Münchner Universitätssternwarte. Sterne bekommen die Astronomen, zumindest wenn sie im Dienst sind, nicht mehr zu sehen. Ihre Nächte durchwachen sie vor Computermonitoren, auf denen Messkurven und dann und wann ein Paar Lichtpunkte vorbeihuschen. So bezahlen die Forscher dafür, dass sie es geschafft haben, den kosmischen Horizont zu sprengen. »Vor zwei Jahrzehnten noch waren höchstens ein paar Prozent des Universums in der Reichweite der Teleskope, heute sind es mehr als neunzig Prozent«, erläutert der Eso-Forscher Alvio Renzini. »Wir können nun fast alles sehen, was überhaupt sichtbar ist. Und dieser Aufbruch in die Ferne des Raums ist auch eine Reise in die Tiefe der Zeit.«

Denn Teleskope sind Zeitmaschinen. Das Licht kann sich nicht schneller ausbreiten als mit der Geschwindigkeit von 300 000 Kilometern pro Sekunde; daher blickt, wer ein 300 000 Kilometer entferntes Objekt ansieht, eine Sekunde in die Vergangenheit zurück – Albert Einstein ist diese Erkenntnis zu danken. Schauen die Forscher, wie im Hubble Deep Field, zwölf Milliarden Lichtjahre weit, haben sie jene Epoche vor sich, in der das Universum ungefähr drei Milliarden Jahre jung war und die Galaxien sich gerade gebildet hatten.

Je weiter entfernt sich ein Objekt in der Tiefe des Kosmos befindet, desto älter ist es – dieser Zusammenhang nährt eine Spekulation, die nicht völlig ins Reich der Sciencefiction gehört: Könnten Teleskope Aufnahmen liefern von der Geburtszeit des Alls? Könnte man mit noch besserer Technik zurückblicken bis zum Anfang der Welt?

Fernrohre, die dafür stark genug wären, ließen sich bauen, dessen sind sich die Experten sicher. Nur weiß noch niemand, ob sie auch etwas nützen würden: Je mehr Objekte die Teleskope erfassen, desto mehr Gestirne überdecken das Firmament. Viele Wissenschaftler vermuten, dass deshalb der Blick in die Ferne irgendwann verstellt sein könnte – die Astronomen sähen vor lauter Sternen den Himmel nicht mehr.

Gleichwohl ist die Kindheit des Universums zu hören. Denn wie ein Nachhall erfüllt eine Strahlung, die 300 000 Jahre nach der großen Explosion entstand, das ganze Universum. Dieser erkaltete Überrest der gewaltigen Energie des Alls in seiner Anfangsperiode gilt als Beweis dafür, dass der Urknall tatsächlich stattgefunden hat.[3]

Dass das Weltall einmal unvorstellbar klein gewesen und dann explodiert sein könnte, hatte schon in den 20er Jahren der belgische Jesuitenpater und Physiker Georges Lemaître vermutet – ein Mann, der am Observatorium des Vatikans arbeitete, eine einflussreiche Stellung an der päpstlichen Akademie der Wissenschaften innehatte und dessen Liebe neben der Forschung auch gutem Essen und edlen Weinen galt. Lemaître suchte nach einem Weltmodell, das Raum für einen Schöpfungsakt ließe.[4] Dafür setzte er sich mit den Gleichungen der Relativitätstheorie auseinander und stellte fest, dass nach Einsteins Lehre das Universum keineswegs statisch ist, sondern sich ausdehnen oder zusammenziehen kann.

Was stand am Anfang dieser Bewegung? Lemaître dachte, ein »Uratom« sei vor Äonen explodiert und habe dadurch Raum, Zeit und Materie hervorgebracht. »Die Entwicklung der Welt könnte man mit dem Ende eines Feuerwerks vergleichen«, schrieb er. »Wir stehen heute auf einer gut gekühlten Schlacke und sehen das langsame Schwinden der Sonnen.«

Zu Lemaîtres Kummer zeigte Einstein sich wenig beeindruckt, er warf dem belgischen Priester vor, die physikalischen Zusammenhänge nicht richtig begriffen zu haben: Es sei »offenkundig«, dass das Universum unendlich, ewig und unveränderlich sei. Die katholische Kirche hingegen war von ihrem Forscher begeistert – im Zünden des Feuerwerks konnte man den Schöpfungsakt erkennen.

Die heutige Wissenschaft folgt weitgehend Lemaître. Demnach hat man sich das frühe Universum vorzustellen wie den Feuerball einer gerade gezündeten Bombe: Unmittelbar nach der Explosion herrschten darin sehr großer Druck und sehr große Hitze; sobald der Feuerball sich auszudehnen begann, kühlte er allmählich ab. Heute, wie Lemaître es ausdrückte, »gegen Ende des Feuerwerks«, herrscht in den leeren Räumen des Alls eine Temperatur von genau minus 271 Grad Celsius. Damit liegt die Temperatur des Universums drei Grad über dem absoluten Nullpunkt – ein Nachglühen des Urknalls. Die allgegenwärtige Energie der »kosmischen Hintergrundstrahlung« zeigt, dass es einmal einen heißen Anfang gegeben haben muss.

Der russische Physiker George Gamov hatte die Existenz einer solchen Strahlung 1947 vorausgesagt, zwei amerikanische Kollegen entdeckten sie zwölf Jahre später durch Zufall. Aber erst 1992 gelang es mit den Satelliten Cobe (Cosmic Background Explorer), die kosmische Hintergrundstrahlung detailliert zu vermessen. Aus seiner Umlaufbahn in 900 Kilometer Höhe stellte der Himmelsspäher fest, dass diese erstaunlich gleichmäßig aus allen Richtungen kommt – die Abweichungen betragen nur wenige Tausendstel Prozent.

Der Nachweis, dass die kosmische Hintergrundstrahlung so überaus einförmig ist, bestärkte die Forscher in einer Vermutung, welche die menschliche Vorstellungskraft und die Naturgesetze gleichermaßen zu sprengen scheint: In seiner frühesten Phase muss sich das Universum mit Überlichtgeschwindigkeit ausgedehnt haben. In seinen ersten Momenten vom Umfang kleiner als ein Atomkern, blähte sich das Ur-All binnen Milliardstelbruchteilen einer Sekunde zu astronomischen Maßen.

Nur so sind Cobes Signale zu deuten – wäre es anders gewesen, hätten verschiedene Teile des Universums Zeit gehabt, sich unterschiedlich zu entwickeln. Solch auseinander laufende Wege wären dann heute in Gestalt von starken räumlichen Schwankungen in der Hintergrundstrahlung sichtbar.

Auf den ersten Blick steht dieser überlichtschnelle Sprint, die kosmische Inflation, im Widerspruch zur Relativitätstheorie. Der Gegensatz erklärt sich so: Einsteins Lehre setzt das Tempolimit der Lichtgeschwindigkeit nur für Dinge, die sich *durch* den Raum bewegen, zum Beispiel für Raumschiffe, welche in Richtung Erde fliegen. Während der Inflation aber wurden *der Raum selbst* und mit ihm alles darin unermesslich viel größer.

Andrej Dimitriwitsch Linde ist der geistige Vater dieser Theorie. Zusammen mit seinem amerikanischen Kollegen Alan Guth hat der russische Kosmologe die Theorie der großen Inflation ersonnen und fast vollständig ausgearbeitet – lange bevor Cobe seine Bilder zur Erde funkte.[5]

»Jetzt weiß ich, wie Gott das Universum schuf«, will Linde seiner Frau, ebenfalls Physikerin, zugerufen haben, nachdem er 1983 in Moskau auf den Schlüsselmechanismus, die »chaotische Inflation«, gestoßen war. Auf den Kongressen aber wurden seine Gedanken, für die er die Beweise noch nicht kannte, zunächst als kosmische Spökenkiekerei abgetan: »Oft fühlte ich mich wie ein kompletter Idiot.« Heute gilt Linde als Visionär. Er ist Professor an der kalifornischen Eliteuniversität Stanford und eine der schillerndsten Gestalten der Kosmologie, die Stephen Hawking dessen Rang als Guru der Astrophysik streitig macht.

Für Forscher dieser Kategorie gelten eigene Gesetze: Niemand nimmt Anstoß, wenn Linde bei seinen Vorträgen statt Formeln selbst gezeichnete Comicstrips an die Wand wirft. Auch kann er es sich leisten, das Stockholmer Nobelsymposium mit Zauberkunststücken zu unterhalten. Einmal setzte sich Linde eine Nadel auf die Stirn und zog sie am Hinterkopf wieder hervor – was immer er in Angriff nimmt, sein Publikum zollt ihm frenetischen Beifall.

Schließlich erklärt seine Inflationstheorie nicht nur, weshalb das All so groß ist; Linde bietet ebenfalls eine Erklärung dafür, wie aus der ungeordneten Urmaterie Sterne und Galaxien entstanden: Auch dafür sei die plötzliche Ausdehnung die Ursache.

Ganz am Anfang, als das All noch winziger war als ein Atomkern, haben darin laut Linde ähnliche Gesetze geherrscht wie im Reich der Elementarteilchen. Ruhe gibt es nicht in dieser Welt, denn die Energie schwappt in ihr umher wie die Wellen im Meer. So entstünden winzige Unregelmäßigkeiten. Die plötzliche Ausdehnung des Kosmos habe diese Fluktuationen ins Unermessliche vergrößert und sie zu Keimzellen für Galaxien und Sterne gemacht (siehe Grafik).

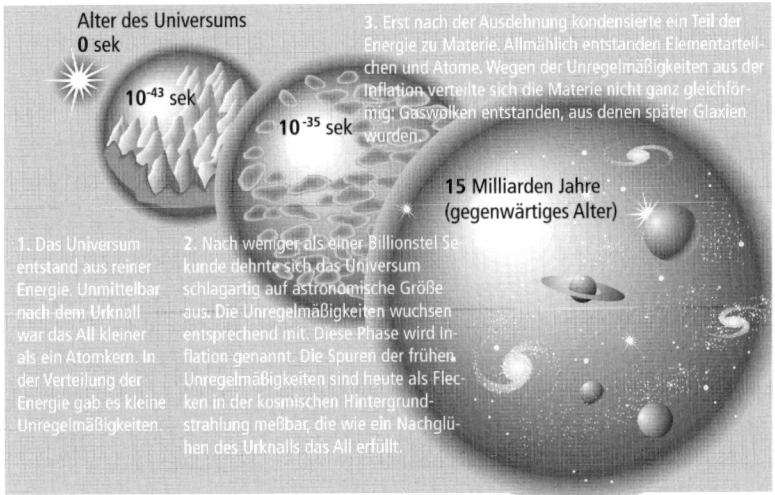

Alter des Universums
0 sek
10^{-43} sek
10^{-35} sek

3. Erst nach der Ausdehnung kondensierte ein Teil der Energie zu Materie. Allmählich entstanden Elementarteilchen und Atome. Wegen der Unregelmäßigkeiten aus der Inflation verteilte sich die Materie nicht ganz gleichförmig; Gaswolken entstanden, aus denen später Galaxien wurden.

15 Milliarden Jahre
(gegenwärtiges Alter)

1. Das Universum entstand aus reiner Energie. Unmittelbar nach dem Urknall war das All kleiner als ein Atomkern. In der Verteilung der Energie gab es kleine Unregelmäßigkeiten.

2. Nach weniger als einer Billionstel Sekunde dehnte sich das Universum schlagartig auf astronomische Größe aus. Die Unregelmäßigkeiten wuchsen entsprechend mit. Diese Phase wird Inflation genannt. Die Spuren der frühen Unregelmäßigkeiten sind heute als Flecken in der kosmischen Hintergrundstrahlung meßbar, die wie ein Nachglühen des Urknalls das All erfüllt.

Das unermesslich große All wäre demnach, per Inflation, ein aufgeblasenes Abbild des undenkbar Kleinen – jeder Esoteriker hätte seine Freude an Lindes Ideen. Doch die Cobe-Messungen bestätigen den russischen Forscher: Zwar ist die kosmische Hintergrundstrahlung, das Echo des Urknalls, bis auf ein paar Tausendstel Prozent homogen, doch unterhalb dieser Schwelle finden sich feinste Unregelmäßigkeiten. Diese winzigen Verdichtungen spiegeln die Verteilung der ersten Materiewolken nach der Aufblähung wider. Und wie von Linde vorhergesagt, ähneln sie den Wellen, die es in einem Miniuniversum gegeben haben muss.

Ein Schattenreich war verantwortlich dafür, dass aus diesen ersten Strukturen die Sterne und Galaxien entstanden, die heute sichtbar sind. Denn was in den Verwerfungen nach der Inflation modelliert wurde, war keineswegs Materie in vertrauter Gestalt – vielmehr bestimmte so genannte dunkle Materie die Formen im Kosmos. Nur indirekt können die Forscher auf die Eigenschaften dieser immensen, unsichtbaren Massen schließen, die heute wie in den ersten Augenblicken des Kosmos den größten Teil der Welt ausmachen. Wie sie zusammengesetzt ist, stellt noch immer ein kosmisches Geheimnis dar. Bekannt ist nur, dass die dunkle Materie existiert: »90 Prozent, vielleicht auch 99 Prozent des Universums bestehen daraus«, schätzt der Münchner Astronom Bender.

Neue Rechnungen bestätigen diese Vermutung. All die Spiralen und Haufen der Galaxien, die Planeten und Sterne, die am Nachthimmel leuchten, sind demnach nur Dekoration: Wie Sahneklecke auf einer riesigen Schokoladentorte, so sitzen die leuchtenden Objekte auf der dunklen Materie, die als ein gewaltiges Geflecht die scheinbar leeren Räume des Weltalls füllt.

Dass die dunkle Materie die Formen im Universum festlegt, haben die Astrophysiker durch Messungen an der Milchstraße gelernt: Die äußeren Sterne rotieren so schnell um das Zentrum der Galaxis, dass die Milchstraße eigentlich auseinander fliegen müsste, bestünde sie aus ihrer sichtbaren Masse allein. Nur weil die dunkle Materie gleichfalls Anziehungskräfte ausübt, hält die Galaxis zusammen. Die Schattenmaterie ist kosmischer Kitt.

So genannte Gravitationslinsen im All, die das Licht ferner Sterne wie von Geisterhand bündeln und ablenken, deuten ebenfalls auf die mächtige Dunkelwelt hin. Nach der allgemeinen Relativitätstheorie nämlich wirkt die Schwerkraft auch auf das Licht; sehr große Massen sind imstande, Lichtstrahlen abzulenken wie Lin-

sen in einem Fernrohr.[6] Weit entfernte Galaxien erscheinen daher
mitunter deformiert wie in einem Zerrspiegel oder mehrfach, wie
eine kosmische Fata Morgana. Wo allerdings die Astronomen solche Gravitationslinsen verorten, finden sie nur selten Himmelskörper, deren Masse ausreichen würde, das Licht so stark umzu-
leiten. Wiederum bieten nur gewaltige Mengen dunkler Materie
die einzig mögliche Erklärung.[7]

Woraus aber mag die Geistermaterie bestehen? Dunkelsterne –
Rote, Braune und Schwarze Zwerge – könnten für einen Teil der
dunklen Massen herhalten. Diese alle sind Himmelskörper ähnlich dem Wasserstoffplaneten Jupiter, die zwar die chemische Zu-
sammensetzung eines Sterns haben, aber für ein thermonukleares
Feuer zu wenig Brennstoff besitzen und deswegen, kosmischen
Blindgängern gleich, kaum sichtbar vor sich hin glimmen. Einzig
dem Hubble-Weltraumfernrohr gelangen vor kurzem ein paar
Aufnahmen Brauner Zwerge in der Nachbarschaft des Sonnensystems.

Doch Dunkelsterne allein können das Rätsel nicht lösen. Denn
sämtliche Atome, die in der Frühzeit des Universums entstanden,
zusammengenommen, reichen nicht aus, die dunkle Materie auf-
zuwiegen.

So muss die Schattenwelt wohl zu einem guten Teil aus exotischen Elementarteilchen bestehen, die vom sichtbaren Kosmos
auf seltsame Weise abgetrennt sind. Aber welche? »Photinos,
Winos oder Zinos«, rät der Astrophysiker Bender, »vielleicht auch
eine besondere Form schweren Lichts.« Andere Experten haben
andere Tipps; lösen soll das Rätsel ein Superbeschleuniger am
Genfer Kernforschungszentrum Cern. Mit diesem Instrument namens Large Hardron Collider, von dem das nächste Kapitel berichtet, wollen die Physiker im kommenden Jahrzehnt in eine neue
Partikelwelt vordringen.

Es war das Geheimnis der dunklen Materie, das die Forscher so
lange gehindert hat, die Zukunft des Kosmos vorauszusagen.
Sonst wäre eine solche Prophezeiung ganz einfach: Ist wenig Materie im All, dehnt es sich ewig aus. Ist viel Masse darin, wird es
durch deren Schwerkraft irgendwann wieder zusammengezogen.

Doch weil sich die dunkle, im All versteckte Materie nicht vermessen lässt, weiß niemand, wie viel das All eigentlich wiegt.

Umso erstaunlicher ist es, dass das Schicksal des Kosmos in so kurzer Zeit dennoch enthüllt wurde. Es waren ferne Supernovae, die den Astrophysikern über die intergalaktischen Bewegungen Aufschluss verschafften. Gleich zwei Forschergruppen, jene um den Australier Schmidt und eine andere um den amerikanischen Astronomen Saul Perlmutter, hatten sich auf die Jagd nach solchen kosmischen Feuerwerken begeben. Ein halbes Dutzend Riesenfernrohre zwischen Australien und Arizona, über das Internet miteinander verbunden, richteten die Wissenschaftler auf Supernovae aus. Manchmal durften sie zudem das Hubble-Weltraumfernrohr benutzen. Derart ausgerüstet, konnten sie fast jeden Monat irgendwo in der Tiefe des Alls eine Sternexplosion beobachten.

Jede der Gruppen wollte die erste sein bei der Neuvermessung des Weltraums. Tag und Nacht habe man gearbeitet, nachdem die Daten der ersten zehn Objekte aufgenommen waren, berichtet Bruno Leibundgut, ein Astrophysiker aus Schmidts Team, der die Suche in den europäischen Observatorien koordinierte. Nur ein paar Hundert Photonen im Teleskop, eine Lichtmenge, die das Auge niemals wahrnehmen könnte, genügten den automatischen Detektoren, um den Beginn eines Supernova-Ausbruchs festzustellen. Gaben die Computer Alarm, mussten die Astronomen rasch handeln, denn nun galt es, alle Teleskope des weltweiten Verbunds auf den explodierenden Himmelskörper auszurichten. Rauschhaft beinah sei die Sternjagd gewesen, sagt Leibundgut: »Zum Nachdenken über das, was wir tun, kamen wir keinen Moment.«

Die Forscher machten es sich zunutze, dass bestimmte Supernovae (»Typ 1a«) überall im Universum gleich hell strahlen. Diese kosmischen Sprengkörper bilden sich aus ausgebrannten Sternen, die mit ihrer Schwerkraft nach und nach einen Nachbarstern anziehen und ihn verschlingen. Aus den Gasen, die sich dabei ansammeln, entsteht eine riesige natürliche Wasserstoffbombe. Hat deren Gewicht einen Schwellenwert erreicht, kommt es zur Supernova-Explosion – immer mit derselben Leuchtkraft.

So, wie Wasser immer bei derselben Temperatur kocht und gefriert und daher zum Eichen eines Thermometers verwendet werden kann, eignen sich 1a-Supernovae als kosmische Vermessungsmarken. Weil sie stets gleich hell leuchten, hängt die Helligkeit, mit der ihr Schein auf der Erde ankommt, allein von ihrer Entfernung ab. Und die Farbe ihres Lichts zeigt die Geschwindigkeit, mit der diese Feuerwerke im expandierenden All von der Erde wegrasen.

Denn Licht besteht aus elektromagnetischen Wellen: gelbes Licht aus kürzeren, rotes aus längeren Wellen. Bewegt sich die Lichtquelle vom Beobachter weg, so erscheinen diese Wellen gedehnt – umso mehr, je schneller die Bewegung ist (siehe Grafik). Ein Stern, der sich nur langsam von der Erde entfernt, ist annähernd in seiner natürlichen Farbe zu sehen; ein Stern hingegen, der mit hoher Geschwindigkeit davoneilt, tiefrot. Das Hubbelsche Gesetz beschreibt diesen Zusammenhang.

Aus Farbe und Helligkeit des Supernovalichts – entsprechend Geschwindigkeit und Entfernung – konnten die Sternenjäger mit einer simplen Rechnung das Alter des Universums bestimmen: So wie ein Zug, dessen Tacho 100 Stundenkilometer und 100 Kilometer Entfernung vom Bahnhof zeigt, vor einer Stunde losgefah-

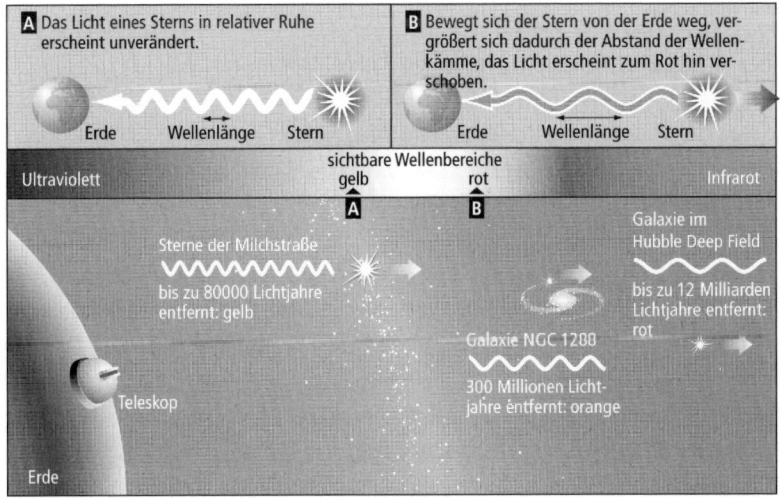

A Das Licht eines Sterns in relativer Ruhe erscheint unverändert.

B Bewegt sich der Stern von der Erde weg, vergrößert sich dadurch der Abstand der Wellenkämme, das Licht erscheint zum Rot hin verschoben.

Erde Wellenlänge Stern Erde Wellenlänge Stern

Ultraviolett sichtbare Wellenbereiche   Infrarot
gelb   rot
A B

Sterne der Milchstraße
bis zu 80000 Lichtjahre entfernt: gelb

Teleskop

Erde

Galaxie im Hubble Deep Field
bis zu 12 Milliarden Lichtjahre entfernt: rot

Galaxie NGC 1288
300 Millionen Lichtjahre entfernt: orange

ren sein muss, lieferten Geschwindigkeit und Entfernung der Supernovae eine kosmische Reisedauer von 15 Milliarden Jahren: So viel Zeit ist seit dem Urknall vergangen.[8]

Diese Geschwindigkeitsmessungen verrieten vor allem eines: Der Schwung der davonsausenden Galaxien ist dermaßen groß, dass er alle Schwerkraftanziehung überwindet. Deswegen werden die Himmelskörper, die sich entfernen, nie wieder zurückkehren – das All expandiert ewig.

»Aber es gab noch eine viel größere Überraschung«, sagt Leibundgut: Der Kosmos, jahrmilliardenlang von der Schwerkraft gebremst, ist in seiner Expansionsbewegung keineswegs müde geworden. Selbst wenn sich das All ständig ausdehnt, wäre eigentlich zu erwarten gewesen, dass zumindest die Geschwindigkeit, mit der es das tut, im Laufe der Zeit abnimmt. Aber genau das Gegenteil stellte Leibundguts Team fest: Das Tempo der Expansion nimmt ständig zu – als sei irgendwo im Universum eine geheime Antriebsquelle verborgen.

Was ist diese Kraft, die die Welt immer schneller auseinander drückt? Schon Albert Einstein spekulierte, es müsse eine Energie geben, die überall im Universum auf den Raum einwirke. »Kosmologische Konstante« taufte er die ominöse Kraft, als er sie 1917 einführte, um ein paar Unstimmigkeiten in seiner Relativitätstheorie auszubügeln. Später nannte er diese Größe, die er nie recht begründen konnte, »die größte Eselei meines Lebens«.

Dass es eine auseinander treibende Kraft, eine Antigravitation über kosmische Distanzen, offenbar doch gibt, kann als wissenschaftliche Sensation gelten.[9] Verstanden ist diese Fernwirkung noch nicht. Über deren Herkunft hegen die Theoretiker aber immerhin eine »starke Vermutung« (Leibundgut): Es sei das Nichts selbst, das den Raum auseinander drückt. Dem Vakuum, der Leere zwischen den Galaxien, auch den Zwischenräumen in den Geflechten der dunklen Materie, wohne eine Energie inne, die sich Platz zu schaffen suche.

Doch begründet ist mit solchen Metaphern noch nicht allzu viel, und so versuchen die Kosmologen je nach wissenschaftlichem Temperament, sich auf unterschiedliche Weise daran zu gewöhnen, dass sich etwas Unbekanntes in ihr Weltbild geschlichen hat. »Zutiefst zuwider« sei ihm diese kosmologische Konstante, klagt der US-Forscher Mario Livio. Aber auch er kann nicht erklären, weshalb der Weltraum offenbar endlos aufgeht wie der süße Brei im Grimmschen Märchen. Doch auch Livio kommt zu dem Schluss: »Angesichts der Daten muss die Vakuumkraft existieren.«

Unerschrockene Gelehrte wie der Harvard-Astronom Kirshner hingegen freuen sich: Unverhofft sei die Menschheit in den vergangenen Monaten »viel klüger« geworden – allerdings habe sich das Weltall auch »weit mysteriöser gezeigt als gedacht«. Mehr als drei Viertel der Gesamtenergie des Alls, das ergaben weiter verfeinerte Supernova-Messungen, könnten in der unerklärten Kraft stecken, die aus dem Nichts kommen soll.[10]

Wieder einmal fühlt sich Andrej Linde bestätigt. Er verficht schon seit geraumer Zeit eine fantastische Theorie, in der das Nichts die Hauptrolle spielt: Das ganze Weltall sei daraus entstanden. Eine Energiezuckung des Vakuums hat nach seiner Ansicht den Urknall in Gang gesetzt. Und wenn die Entstehung eines Universums mit so wenig Einsatz zu bewerkstelligen ist, sei auch nicht einzusehen, weshalb es nur ein Universum geben soll.

Qualvoll sei der Weg zu der Erkenntnis gewesen, dass unser Weltall nur eines von vielen sei, erzählt der russische Forscher. Immer wieder sei er in tiefe Depressionen verfallen, als er sich Mitte der achtziger Jahre mit den unlösbar scheinenden Widersprüchen der Urknalltheorie konfrontiert sah. Wochenlang habe er weder essen noch reden können.

Dann aber habe sich ihm binnen Tagen der Prozess der »chaotischen Inflation« erschlossen, der erklären soll, wie es zum Urknall kam. Ausgangspunkt von Lindes Überlegungen sind Blitze aus dem Nichts, Fluktuationen, wie sie in den Teilchendetektoren am Cern tatsächlich bemerkt wurden. Weil das Vakuum energiegeladen ist, können sich darin Energieballungen bilden, die nach Momenten, viel kürzer als eine millionstelmilliardstel Sekunde, von selbst wieder vergehen.[11]

Mitunter aber, behauptet Linde, wirke eine Konzentration zusammen mit dem Drang des Vakuums, sich auszudehnen. Dann komme eine Art Schneeballeffekt in Gang: Es beginne eine kosmische Inflation, bei der sich das betroffene winzige Gebiet schlagartig zu astronomischen Dimensionen aufblähe. So würde bei mehr als 10 Billionen Grad Temperatur ein Universum geboren.

Durch Einsteins berühmte Formel »Energie entspricht Masse« komme dann Materie in die Welt. So, wie sich Wasserdampf in Tröpfchen niederschlägt, habe sich im aufquellenden Weltall ein Großteil der immensen Anfangsenergie zu Elementarteilchen und Atomen kondensiert. Weil Energiefluktuationen, die für Linde der Anfang der Dinge sind, im Vakuum immer wieder auftreten, sei der Urknall keineswegs ein einmaliges Ereignis: Jedes Mal, wenn zufällig die richtigen Energien aufeinander träfen, zische ein neues Weltall daraus hervor. Mit einem Computer, den ihm ein großzügiger Fabrikant aus dem Silicon Valley zur Verfügung stellte, habe er das alles einmal durchgespielt.

»Unendlich viele Universen« könnten auf diese Weise entstanden sein; das von den Menschen bewohnte All sei nur ein winziger Teil in einem noch viel größeren, sich ständig wandelnden Überkosmos – eine Blase in einem gewaltigen kosmischen Schaum.

»Das ist es, was manche die zweite kopernikanische Revolution nennen«, erläutert Linde. »Früher war die Erde im Mittelpunkt, dann die Sonne, aber das Universum war dem Wortsinn nach noch immer eine einmalige Affäre. Damit ist jetzt Schluss.«

Mit seiner Lehre vom Überkosmos meint Linde erklären zu können, weshalb unser Universum so eingerichtet ist, dass Leben darin entstehen musste. Kopernikus war es einst klar geworden, dass Mars, Venus und Jupiter nicht Sterne, sondern Planeten wie die Erde sind und mit ihr die Sonne umkreisen – damit hat er seinen Zeitgenossen im 15. Jahrhundert ein neues Bild vom Kosmos beschert, in dem die Erde ein Himmelskörper wie viele andere ist, kein Objekt mehr von besonderer Art. Astronomisch gesehen zeichnen nur ein paar Kennzahlen die Erde gegenüber ihren Mitplaneten aus: ihr Durchmesser zum Beispiel oder ihr mittlerer Abstand von der Sonne. Nur diesen Parametern ist es zu danken, dass Flüsse rauschen und Bäume wachsen, dass keine Gluthitze herrscht wie auf der Venus oder kein ewiges Eis liegt wie auf dem Saturn.

Auch im Kosmos ist das Gefüge der Naturkonstanten überaus delikat ausbalanciert. Schon eine kleine Verschiebung darin hätte verhindert, dass Leben – und damit Bewusstsein – überhaupt entstehen konnte. Wäre die Schwerkraft zum Beispiel, die schwächste der vier Elementarkräfte, nur ein klein wenig stärker, hätten sich weder Sterne noch Planeten bilden können; unser Weltall wäre schon bald nach seiner Entstehung wieder in sich zusammengestürzt.

Hat da eine höhere Macht die Feinjustierung besorgt? »Vieles sieht danach aus«, antwortet Linde. »Aber man muss nicht unbedingt an einen Schöpfer glauben. Die Theorie von der chaotischen Inflation bietet eine Erklärung, die näher liegt.« Nach Lindes Vorstellung sind die Universen, die fortlaufend entstehen, keineswegs gleichartig. Denn zu einem Urknall und damit zu einem neuen Weltall komme es immer dann, wenn sich die herumschwappende Vakuumenergie zufällig balle. Solche Energieknoten können verschieden stark ausfallen, und dementsprechend unterscheiden sich auch die Universen, die daraus hervorgehen.

»Denken Sie nun an Erde und Saturn«, sagt Linde. »Beide sind Planeten, aber nur auf einem waren die Umstände so, dass Leben entstehen konnte.« Mit den Universen verhalte es sich genauso. In den meisten Kosmen konnten vermutlich noch nicht einmal Galaxien und Sterne entstehen; viele dürften schon gleich nach ihrer Geburt wieder in sich zusammengebrochen sein. »In der Raum-Zeit-Domäne hingegen, in der auch wir zu Hause sind, liegen die Verhältnisse eben besonders günstig.«

Der Mensch hätte demnach einfach das große Los gezogen. Mit dieser Überlegung böte sich für das Rätsel der unglaublich fein justierten Naturkräfte eine geradezu banale Lösung. In einem Universum, in dem intelligente Wesen existieren, müssen die Naturkonstanten zwangsläufig so sein, dass sie Leben und Bewusstsein ermöglichen – sonst wäre niemand da, der sich darüber die Köpfe zerbricht. »Anthropisches Prinzip« heißt dieser Gedankengang.

In anderen Welträumen mit anderen Naturgesetzen hingegen entstanden vielleicht auch ganz andere Arten von Leben; sogar

Universen mit mehr als drei Raumdimensionen seien möglich – Lindes Weltmodell erlaubt die wildesten Spekulationen. Natürlich bestünde die Schwierigkeit darin, »dass man in die abgetrennten anderen Welträume nicht hineinsehen und dort nachschauen kann«.

Gehört seine Theorie von den Multiversen damit ins Reich der Mythen? »Es ist Metaphysik«, sagt Linde. »Aber gute Metaphysik.« Immerhin stehe seine Lehre von den Urknallen am laufenden Band nicht im Widerspruch zu den Naturgesetzen.

Für eine wissenschaftliche Theorie sei das zu wenig, wendet der Münchner Kosmologe Börner ein. Zugegeben, die Gedanken des fantasiebegabten Kollegen aus Russland seien überaus anregend. »Aber sie sind noch nicht einmal falsch«, sagt Börner – »sondern einfach unüberprüfbar.«

Doch das mag sich schnell ändern. Große Hoffnungen setzt Linde auf den verbesserten Nachfolger des Cobe-Satelliten, der im Jahr 2006 in Betrieb gehen soll. Wenn diese neue Sonde den kosmischen Hintergrund mit nie erreichter Genauigkeit neu vermessen werde, könnten sich ganz am Rand unseres Kosmos vielleicht auch Hinweise auf andere Welträume finden.

Ähnlich ratlos wie heute vor Lindes Multiversen standen die Forscher schließlich noch vor kaum zwei Jahren vor der Frage nach dem Alter des Weltalls. Damals hätte kaum jemand zu hoffen gewagt, dass sich das All schon so bald als ewig expandierend herausstellen würde. Und wer von der Antigravitation redete, deren Existenz inzwischen als wahrscheinlich angesehen wird, wurde noch vor kurzem als ein Spinner gescholten.

In staunenswert kurzer Zeit haben die Kosmologen das Drehbuch entschlüsselt, dem die Entwicklung des Universums folgt. Nun gilt es, die Kräfte zu ergründen, welche die Entstehung der Welt antrieben.

So sind die Rätsel, die nun auf der Tagesordnung stehen, eine Dimension größer als die bisherigen: Gesucht ist nicht mehr das Wie, sondern das Warum der Schöpfungsgeschichte. Ein noch nie gesehenes Elementarteilchen, gewissermaßen der Kern aller schweren Materie, soll dabei eine Hauptrolle spielen.

Kathedralen für ein Phantom

Higgs heißt das Phantom, dem 2 000 Physiker hinterherjagen. Ein schottischer Professor gleichen Namens hat es sich ausgedacht und berechnet: Das gesuchte Teilchen soll mindestens ein millionstel milliardstel Millimeter messen und schwerer sein als 136 trillionstel trillionstel Gramm. Professor Higgs versprach: Wer sein Partikel finde, besitze einen Schlüssel zum Verständnis des Kosmos.

In den ersten Momenten des Universums nämlich sollen Higgs-Partikel die große Inflation in Gang gesetzt haben – sie waren die Kraftquelle für die dramatischen Vorgänge am Anfang der Zeit, als das gerade geborene All binnen Milliardstelbruchteilen einer Sekunde von Atomkerngröße zu astronomischen Dimensionen anschwoll. Das ergeben die Rechnungen der Kosmologen.[1]

Auch dafür, dass alle Dinge der Welt ein Gewicht haben, soll das Higgs verantwortlich sein. Wie der Frosch im Märchen zum Prinzen geküsst wurde, so sei der Materie kurz nach der großen Ausdehnung des Universums durch einen innigen Kontakt mit Higgs-Teilchen ihre Masse zugewachsen. So entstand die Erdenschwere.[2]

Wenn die Theoretiker Recht haben, ist die Bedeutung des Higgs-Teilchens enorm. Aber noch nie ist Forschern auch nur ein einziges solches Partikel in die Detektoren gegangen. Deswegen haben sich die Physiker am europäischen Kernforschungszentrum Cern in Genf zusammengetan, Geräte zu bauen, die das Higgs endlich einfangen sollen.

Walter Blum zum Beispiel, der aus München kommend zum

Cern stieß, will 400 000 Röhrchen wie Orgelpfeifen zu einem Spektrometer zusammenfügen, die Klebestellen auf 50-tausendstel Millimeter genau. Fast eine halbe Million vergoldete Drähte wird Blum dann in den Röhren spannen, »wie elektrische Wäscheleinen, aber viel genauer«, so dass jedes Mal, wenn ein Teilchen darauf trifft, ein kleiner Stromschlag ausgelöst wird. Das Spektrometer, das er konstruiert, wird, rechnet man all seine Messflächen zusammen, so groß wie ein Fußballfeld – und doch bildet es nur einen geringen Teil des Atlas-Detektors, eines Messgeräts, in dem ein ganzes Kaufhaus Platz hätte.

Atlas sieht im Modell aus wie eine auf die Seite gelegte Raketenstufe und hat mehr Kabelverbindungen als das Telefonnetz der Erde. Auch das wird wiederum nur ein winziger Teil einer Maschine sein, von der man sich, selbst wenn man im Flugzeug darüber schwebte, nur schwer eine Vorstellung machen kann, weil es die größte ist, die je entstand.

Sichtbar werden nur ein paar Hallen sein, dort, wo Arbeiter Schächte für Messgeräte in das Juragestein treiben: Der Teilchenbeschleuniger Large Hardron Collider (LHC) wird unterirdisch verlaufen, in einem bereits bestehenden Ringtunnel neben dem Genfer See. Auf 27 Kilometern Länge werden die Physiker darin Magneten verlegen, zwischen denen Teilchen mit beinahe Lichtgeschwindigkeit rasen sollen, und ein Vakuumrohr, in dem es leerer ist als in den entlegensten Teilen des Alls.

Für all dies vier Millarden Schweizerfranken auszugeben, erscheint dem Physiker Blum ganz logisch. So seien eben die Naturgesetze: »Je winziger ein Teilchen, desto größer muss die Maschine sein, um es zu finden.«

Denn mit der Teilchenphysik verhält es sich wie mit der russischen Puppe Matrioschka, in deren hölzernem Leib beim Auseinander ziehen immer neue Körper zum Vorschein kommen: außen, unter Spezialmikroskopen gerade noch sichtbar, die Atome; in deren Mitte die Atomkerne, darin Protonen und Neutronen, in ihnen die Quarks – und, ganz im Zentrum gewissermaßen, das Higgs.

Blum und all seine Kollegen aus Paris und Innsbruck, aus Kroatien, Serbien und Kasachstan, die heute in Genf Fallen für das

Higgs konstruieren, sind erst die Vorhut eines weit größeren Forscherheers. Zehntausend Wissenschaftler werden diesem Teilchen auf der Spur sein, wenn im Jahr 2006 der Large Hadron Collider in Betrieb geht. Dann wird sogar Amerika, einst mit dem Manhattan-Projekt und dem Mondflugprogramm das Mutterland der Großforschung, einen wesentlichen Teil seiner Grundlagenforschung nach Europa verlagern. Die Regierung in Washington hat eingewilligt, eine halbe Milliarde Dollar beizusteuern, was für Experten eine kleine Sensation ist. »Der Wind, der einst aus Westen wehte, hat sich gedreht«, sagt ein Cern-Wissenschaftler. »Genf wird das Cape Canaveral der Physik.«

Das ist noch vorsichtig ausgedrückt. Tatsächlich werden die Herren der Beschleunigerringe von Genf, die schon heute die weltgrößten Abschussrampen für Atomteilchen steuern, Monopolisten. Denn kein Land ist mehr bereit, im Alleingang die Milliarden für immer mächtigere Beschleuniger aufzuwenden. Nachdem die Amerikaner die Bauarbeiten an ihrem eigenen Superbeschleuniger in Texas im Jahr 1993 wegen zu hoher Kosten einstellten, werden sich die grundlegenden Fragen über den Aufbau der Materie nur noch in den Maschinen des Cern klären lassen. In Genf wird das Aufeinanderrasen der Teilchen viel billiger sein als unter der Wüste von Texas: Eine Forschungsstadt für die Physiker und der Tunnel, in dem die Protonen Karussell fahren sollen, sind schließlich schon vorhanden.

Der unterirdische Teil des Forschungszentrums, die drei Beschleuniger, die dort bereits arbeiten, ist verantwortlich für eine Stromrechnung von schon heute 50 Millionen Schweizer Franken im Jahr. Über der Erde erstreckt sich mit labyrinthischen Korridoren ein riesiges Amt. Die Physiker sind stolz auf die maroden Gebäude, den blätternden Putz, die abgewetzten Möbel, die seit der Gründung des Cern vor dreißig Jahren immer noch dieselben sind. Jeder Franken soll in die Experimente gehen, keiner in Äußerlichkeiten.

Die Experimente bestehen darin, Teilchen aufeinander prallen zu lassen und zu sehen, was dabei herauskommt. Dafür ist so viel Energie nötig, dass die Beschleuniger im Winter abgeschaltet werden müssen, weil sie mehr Elektrizität brauchen als die ganze Stadt Genf. Nunmehr aufgerüstet auf 95 Gigaelektronenvolt bringen die Maschinen so viel Leistung wie nie zuvor. Die Theoretiker haben ausgerechnet, dass sich das Higgs möglicherweise jetzt schon zeigen könnte.

Zahlenkolonnen ziehen über den Bildschirm von Daniel Treille, Sprecher einer Kooperation von fünfhundert Physikern, deren Mehrzahl sich Datenanalysen widmet. Ein Mausklick, rote und blaue Lichtblitze erscheinen, die Spuren einer Explosion. Es sind die Flugbahnen von Teilchentrümmern, die eine Messstation hundert Meter unter der Erde aufgezeichnet hat. »Kein Higgs«, murmelt Treille, »nur Z-Bosonen.« Er erkennt das am Winkel zwischen den Bahnen und ihrer Länge.

Der Apparat, der ihm die Daten liefert, heißt Delphi, liegt in einer Kaverne tief im Fels und ist ein Monstrum von 3 500 Tonnen Gewicht: Kabelstränge als Nerven, gewaltige Magneten, Kühlrohre für flüssiges Helium. Delphi ist so empfindlich, dass es dort unten selbst die Mondphasen spürt; die Schwerkraft des Mondes rüttelt am Beschleuniger, wenn auch nur ganz wenig. Der Detektor aber bestimmt die Bahn jedes Partikels auf hunderttausendstel Millimeter genau.

Delphi hat nicht ein Gehirn, sondern zehn: gleichberechtigte Computer, die in einer Mehrheitsentscheidung darüber abstimmen, welche Teilchenspuren ein »Ereignis« sind und den Physikern zum Begutachten vorgelegt werden. »Manchmal träumt Delphi«, sagt Treille. Dann denkt sich dieser Detektor ohne ersichtlichen Grund Ereignisse aus. Treille hat sich längst damit abgefunden, dass er die Eigenwilligkeiten des Detekors ertragen muss, weil niemand mehr all dessen Einzelheiten versteht. Für ihn ist Delphi ein eigenes Wesen geworden, fast als sei diese Maschine lebendig.

Wozu der ganze Aufwand? »Um herauszufinden, woher wir kommen«, sagt Treille. Delphi zum Beispiel hat, nur durch Zertrümmern von Teilchen, nachgewiesen, dass das Universum zu einem Viertel aus Helium besteht. Die Astrophysiker haben nachgemessen, es stimmte. »Ist das nicht wunderbar?«, fragt Treille.

Da sei ein Zusammenhang, der bis auf den Urknall zurückgehe – in jene Zeit, als die ersten Elemente entstanden.

Ist es eine Art religiöses Verlangen, Sehnsucht nach Letztgültigem, was die Physiker antreibt? Einen Moment lang verliert Chris Llywell-Smith, der Generaldirektor des Cern, seine britische Contenance: »Diese Frage verstehe ich nicht.« Viele sagten, Cern sei ein Dom der Neuzeit, so Smith. Aber im Mittelalter hätten die Europäer ein Zehntel ihres Vermögens für Kathedralen ausgegeben, »unsere Kavernen kosten viel weniger«. Dann gibt er zu: Die Hingabe, mit der die Forscher all ihre Kräfte auf ein einziges Ziel richteten, jenseits des Fassbaren – »das mag schon gläubig wirken«.

Schönheit sei seine Leitline beim Forschen, behauptet der Theoretiker John Ellis, der am Cern eine Kommission über die Physik der Zukunft leitet. Der Glaube an die Schönheit der Welt habe schon Einstein geholfen, warum nicht auch ihm. Aber sobald er von seinen Theorien über Antimaterie und Supersymmetrie redet, wird deutlich, dass Ellis im Grunde nach etwas anderem sucht als nach Ästhetik: Nicht so sehr schön, vielmehr einfach und ordentlich soll die Welt sein.

»Hässlich« findet er zum Beispiel die gegenwärtige Vorstellung seiner Wissenschaft vom Aufbau des Allerkleinsten, das »Standardmodell« der Materie (siehe Grafik Seite 68). Dieses erzählt eine etwas krude Geschichte davon, wie die Matrioschka der Materie sich selbst zusammengebaut hat: Nach seiner großen Aufblähung, der Inflation, war das Universum mit Higgs-Teilchen angefüllt – wie der Ozean mit Wasser. Eine millardstel Sekunde später kondensierte ein Teil der Energie des frühen Alls zu Elektronen und Quarks. Diese kleinsten heute bekannten Elementarteilchen mussten durch die See der allgegenwärtigen Higgs-Teilchen pflügen. Dadurch wurden sie in ihrer Bewegung gebremst und träge. Dieser Widerstand gegen Beschleunigung ist heute als die Masse aller Materie zu erleben.

Etwa eine Sekunde später ballten sich die Quarks zu den Kernbausteinen Proton und Neutron zusammen. Protonen und Neutronen vereinigten sich zu den Atomkernen von Wasserstoff und Helium, wie sie noch immer bestehen. Drei Sekunden nach dem

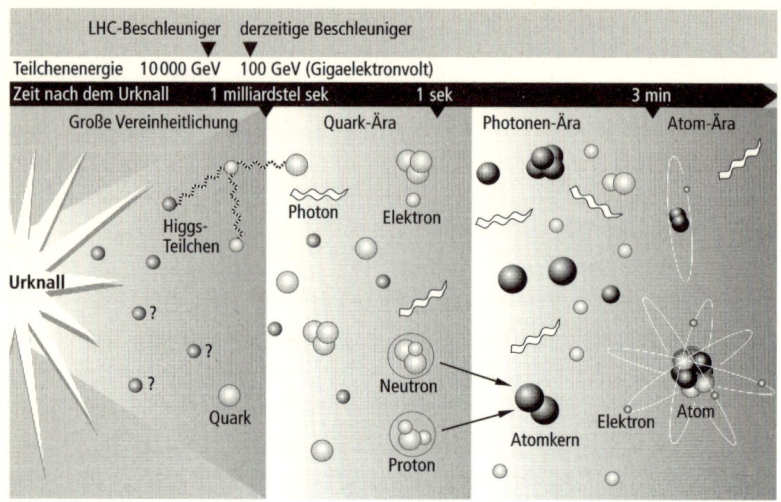

Nach dem Standardmodell der Teilchenphysik hat sich die Materie in ihren ersten drei Minuten selbst zusammengebaut. Heutige Teilchenbeschleuniger können diesen Prozess bis auf eine zehnmilliardstel Sekunde nach dem Urknall zurückverfolgen.

Urknall schließlich hatten sich die Atomkerne durch ihre elektrische Anziehung die Elektronen eingefangen – die ersten Atome waren entstanden, die anfänglich nur als Wasserstoff und Helium das Universum füllten. Erst in der thermonuklearen Glut der Sterne bildeten sich dann immer schwerere Elemente, darunter Sauerstoff und Kohlenstoff, die Baumaterialien für das Leben.[3]

In allen Versuchen wurde das Standardmodell bisher bestätigt. Was noch fehlt, ist die Entdeckung des bislang nur vermuteten Higgs. Aber auch wenn den Kollegen am Cern ein solches Teilchen in die Detektoren ginge – Ellis wäre noch lange nicht zufrieden. Was, fragt er, tauge schon eine Theorie, die 21 nicht weiter auflösbare Naturkonstanten hat, auch nicht erklärt, weshalb es ausgerechnet sechs verschiedene schwere Quarks geben soll?

Tiefe Befriedigung habe er empfunden, als vor gut zwanzig Jahren am Cern zum ersten Mal der Gedanke geäußert wurde, die Vielfalt der Welt sei eine Täuschung – weil all die verschiedenen Teilchen nur Ausprägungen eines einzigen sind. »Theorie für Alles« hat Ellis das Gedankengebäude genannt, das aus dieser Idee entstand. Es ist eine seltsame Mischung aus Physik und mythischen Motiven: Beim Urknall war nur diese einzige Art Teilchen und nur eine einzige Kraft in der Welt. Doch sehr bald fand eine Art kosmischer Sündenfall statt. Als sich nämlich das junge Universum immer mehr abkühlte, nahm das Ur-Teilchen verschiedenerlei Gestalt an – Elektronen und Quarks, Teilchen für Licht und Schwerkraft. Doch die ursprüngliche Einheit der Welt ist nicht verloren, nur unsichtbar. Versetzt man nämlich – zum Beispiel im Beschleuniger – Materie in den Zustand urknallähnlicher Energie, werden alle Teilchen und Kräfte wieder eines.

Viel haben die Physiker schon geschafft auf ihrem Weg zur großen Vereinigung. Mit ihren Beschleunigern haben sie sich bis auf eine zehnmilliardstel Sekunde an den Urknall herangetastet und dabei zwei grundverschiedene Kräfte zusammengebracht: die elektrische mit jener, die den radioaktiven Zerfall antreibt.

Viel weiter werden die Forscher kaum kommen. Nicht deswegen, weil die »Theorie für Alles« natürlich außerstande ist, menschliches Verhalten vorherzusagen, worauf Ellis ausdrücklich hinweist. Es gibt einen viel banaleren Grund, warum es die Weltformel nie geben wird: Kein Gerät dieser Erde könnte sie nachprüfen.

Obwohl er die Wissenschaft dem Urknall noch hundertmal näher bringt, wird deswegen auch der neue Superbeschleuniger am Genfer See kaum weiterhelfen – eine Maschine für die große Vereinigung bedürfte des Umfangs einer ganzen Galaxie.

So werden sich die Wissenschaftler nur immer näher an den Anfang der Zeit herantasten können, ihn aber wohl nie bis ins Letzte ergründen: Den Physikern in ihrer Sehnsucht nach dem vollständigen Gesetz der toten Mateie ergeht es nicht anders als den Biologen, die nach dem Usprung des Lebens suchen. Auch diese Forscher berichten von großen Erfolgen – doch es bleibt ein unerklärlicher Rest.

EVOLUTION

Auftakt zum großen Tanz – die Entstehung des Lebens

Ein Chemielabor, kahl, menschenleer und totenstill. Nur ab und zu surrt eine faustgroße Pumpe, die in einem Schlauchgewirr sitzt wie eine Spinne im Netz, und saugt aus dunkelbraunen Glasflaschen keimfreie Flüssigkeiten. Ventile klicken ein paar Sekunden lang, dann herrscht wieder Ruhe.

Selten bloß kommt der Chemiker Albert Eschenmoser in sein Labor. Ein- oder zweimal am Tag steigt er herunter in den Keller der Zürcher Eidgenössischen Technischen Hochschule und prüft, wie die Flüssigkeiten am Ende der Schläuche in streichholzgroße Phiolen tropfen.

Stolz schweift sein Blick dann über Gerippe aus bunten Plastikkugeln und Stäben, die jeden Winkel des Laboratoriums verzieren, auf Tischen herumstehen, sich auf den Regalen stapeln, von den Decken hängen. Einige dieser armgroßen Gebilde sind gerade und rechteckig wie Hochhäuser. Manche ähneln Leitern und Röhren. Andere sind gewunden wie Wendeltreppen oder Schlingpflanzen. Eschenmoser hat sie selbst zusammengesteckt, fünf Jahre Arbeit hat es ihn gekostet, die Gestalt der Modelle auszutüfteln.

Es sind räumliche, riesig vergrößerte Baupläne für die Moleküle, die nun, in den Flüssigkeiten gelöst, aus der Spinnenpumpe herausperlen: »Ribopyranosylsysteme«, sagt Eschenmoser. »Sie bestehen aus den gleichen atomaren Bestandteilen wie die Ribonukleinsäure, sind nur in anderer Form zusammengesetzt.«[1] Ribonukleinsäuren, eine Schlüsselsubstanz des Lebens, codieren in den Zellen aller Kreaturen die Erbinformation. Auch Eschenmosers

Maschine stellt Gene her: Erbgut für Lebewesen, wie es sie noch nie gab.

Eschenmoser vermischt das künstliche Erbgut mit Salzwasser und einer Nährlösung. Nach einer Weile sollen die verschiedenen Ribopyranosylsysteme Kopien von sich selbst anfertigen, sich ganz von alleine vermehren und einander die Nährstoffe streitig machen. So hat Eschenmoser sie konstruiert.

Wie ein sorgsamer Architekt einen Hausbau bis in die letzte Türklinke plant, so hat auch er die Position jedes Atoms in den Molekülen im Voraus bestimmt, jede chemische Bindung zwischen ihnen berechnet. Doch mit der Zeit, hofft er, werden ihm seine Schöpfungen entgleiten. Denn manchmal werden sie beim Kopieren kleine Flüchtigkeitsfehler machen, und dann wachsen neue Formen, Gebilde, an die er nie gedacht hat; allmählich entstehen immer neue Möglichkeiten. Manche Gene sterben aus, andere entwickeln sich weiter zu immer komplizierteren Gestalten: In Eschenmosers Reagenzglas soll eine Vorform des Lebens entstehen.

Wer Leben aus dem Labor verspricht, hätte noch vor wenigen Jahren als ein Fantast gegolten. Inzwischen halten viele Forscher dieses Ziel für erreichbar – ein gutes Dutzend Institute weltweit hat sich ihm verschrieben. Denn den Chemikern ist es gelungen, in jene Grauzone der so genannten »Präbiotik« vorzustoßen, in der die Grenze zwischen tot und lebendig verschwimmt. Im kalifornischen San Diego zeigten sie, wie sich Moleküle vor fast vier Milliarden Jahren auf der noch jungen Erde von selbst zusammengesetzt haben konnten. Züricher Kollegen Eschenmosers mühen sich, aus Fett, Eiweiß und Genen künstliche Einzeller zu fertigen. Regensburger Mikrobiologen spüren in untermeerischen Vulkanschloten primitive Urorganismen auf, die sie dann in heißen Stahltanks vermehren.

So stehen die Forscher auf ihrer Suche einem der größten Geheimnisse überhaupt gegenüber: Was eigentlich ist Leben? Und wie entstand es?

Was die Wissenschaftler in der Kunstwelt ihrer Labors nachzuvollziehen versuchen, ist die unglaubliche Geschichte, wie sich

Magmen, Gasschwaden, Staub und Wasser in lebendige, vermehrungsfähige Wesen verwandelt haben; wie auf einem öden Planeten der lange Tanz der Evolution begann. In ihren Experimenten versuchen die Forscher den Weg ins Leben in winzige Schritte aufzulösen und sie kommen dabei zu einem erstaunlichen Ergebnis – jeder dieser Schritte war überaus wahrscheinlich. »Fast zwangsläufig musste das Leben aufkeimen«, resümiert der belgische Biologe und Nobelpreisträger Christian de Duve.[2]

Gleichzeitig mit den Laborexperimenten haben sich auch die Geologen auf die Spurensuche nach den Anfängen des Lebens gemacht und vor dem Bild der Anfangszeit des Planeten Erde, das sie beschreiben, überrascht de Duves kühner Schluss umso mehr. Denn je weiter die Forschungen in erloschenen Vulkanen, im Mondgestein fortschritten, je besser ihre Computermodelle der Uratmosphäre in den letzen Jahren wurde, umso mehr mussten sich die Wissenschaftler vom Glauben verabschieden, das Leben sei in einer lebensfreundlichen Umgebung, in einem wie auch immer gearteten Garten Eden, entstanden.

Heute mag die Erde auf Satellitenaufnahmen als blauer Planet erscheinen, als sanft schimmernder Edelstein auf dem schwarzem Samt des Alls. In der Anfangszeit ihrer Entwicklung aber ließ nichts an ein solches Bild denken – die Verhältnisse auf der jungen Erde erinnern an die Gluthöllen und Eiswüsten von Venus und Mars. Die Welt, in der die Urzeugung stattfand, war unwirtlich und ständig bedroht.

Die Gashülle der Erde enthielt damals kaum Sauerstoff, deswegen schützte auch keine Ozonschicht vor den keimtötenden Ultraviolettstrahlen der Sonne. Die Atmosphäre bestand vor allem aus dem Treibhausgas Kohlendioxid, unter dem sich der Planet vermutlich enorm aufheizte. Weil die äußeren Schichten der Erdkugel noch nicht erkaltet waren, ließen Vulkanausbrüche den Planeten erbeben. Regelmäßig gerieten im noch jungen Sonnensystem Meteoriten, groß wie Gebirge, ins Anziehungsfeld der irdischen Schwerkraft, stürzten in die Ozeane und brachten diese zum Kochen.

Und doch hatten zu dieser Zeit längst Vorformen des heutigen

Lebens die Erde besiedelt. Das zeigen Analysen des gemeinsamen Gencodes aller Lebewesen, die der Göttinger Biophysiker Manfred Eigen vorgenommen hat.[3] Auch er ist Nobelpreisträger – kaum ein Forschungsgebiet scheint die zu höchsten wissenschaftlichen Ehren Gekommenen so anzuziehen wie die Entstehung des Lebens. Eigen konnte nachweisen, dass die Sprache des Erbguts schon 3,9 Milliarden Jahren alt ist und damit entstanden sein muss, als der regelmäßige Meteoritenhagel auf die Erde gerade erst abklang. So deuten diese Ergebnisse darauf hin, dass Lebens entstand, sobald es die Verhältnisse zuließen.

Wie es dazu kam, zeigen die Experimente, in denen Forscher die Urzeugung zu rekonstruieren versuchen. Längst noch nicht alle Details sind geklärt und werden sich vermutlich auch nie restlos ergründen lassen. Aber allmählich fügen sich die Ergebnisse dieser Experimente zu einem Szenario des keimenden Lebens zusammen, in dem sich eine wissenschaftlich begründete Schöpfungsgeschichte herauszukristallisieren beginnt.[4] Vier große Akte in diesem Drama lassen sich unterscheiden:

- *Erster Akt:* Sehr bald nachdem die Erde aus Kometengestein geboren war, bildeten sich die chemischen Bausteine des Lebens. Manche von ihnen kamen möglicherweise aus dem All; mit Sternenstaub und Kometen landeten sie auf dem jungen Planeten. Es entstand eine Ursuppe, in der Aminosäuren und Nukleotide schwammen, jene Moleküle, aus denen sich später Eiweiße und Gene zusammenfügten.
- *Zweiter Akt:* Die Biomoleküle sammelten sich in austrocknenden Lagunen, dort dickte die Sonnenhitze einen Schleim aus Lebensbausteinen immer mehr ein. Vermutlich auf Lehmschichten, einer idealen Grundlage dafür, fügten sich Gene zusammen, die sich fortpflanzten und veränderten – aus toten Bausteinen wurde Leben.
- *Dritter Akt:* In Fetttröpfchen, die im Ozean schwammen, sammelten sich Nährstoffe. Gene, die zufällig in diese Bläschen hineingerieten, fanden dort eine geschützte Umgebung. Mit diesen unscheinbaren, schwabbeligen Gebilden entstand das Grundelement allen heutigen Lebens – die Zelle.

- *Vierter Akt:* Blaualgen, die ersten Einzeller, besiedelten die Ozeane, es begann der Kampf ums Dasein. In der Konkurrenz um Nahrung und Lebensraum entwickelten sich immer komplexere Lebensformen – ein drei Milliarden Jahre während der Evolutionsprozess, an dessen vorläufigem Ende der Mensch steht.

Am meisten überrascht dieses Szenario, wie es sich in seinen wesentlichen Zügen allmählich abzeichnet, in seiner Stringenz viele der Biologen und Biochemiker selbst, die mit ihrer Grundlagenforschung die Werkzeuge bereitgelegt haben, um es zu ergründen. Denn obwohl man daran glaubte, dass die Wissenschaft im Stande sei, sämtliche chemischen Lebensprozesse zu entschlüsseln, wurde lange für unergründlich gehalten, wie das Leben entstand.

Erst vor gut 200 Jahren war dieses Rätsel überhaupt zu einem wissenschaftlichen Thema geworden. Bis ins 18. Jahrhundert hinein wurde im aufgeklärten Europa der Theorie des Aristoteles kaum widersprochen, nach welcher sich Getier aus Abfällen von selbst bildete: Maden aus totem Fleisch, Frösche aus Schlamm, Fische aus Lumpen. Allein der Mensch sei von Gottes Atem belebt.

Charles Darwin hatte mit seiner Lehre, Pflanzen, Tiere und der Mensch stammten von wenigen einfachen Arten ab, derlei Überzeugungen unhaltbar gemacht und zugleich die Frage aufgeworfen, wo der Ursprung des von ihm entdeckten Stammbaums der Kreaturen wohl liege. Doch er selbst umging dieses Problem sorgsam. In seinen Büchern schrieb er, es lohne nicht einmal, sich darüber Gedanken zu machen. Nur in einem Brief aus dem Jahr 1872 spekulierte Darwin, in einem »kleinen, warmen Teich« könnten »Licht, Hitze und Elektrizität« die ersten Bausteine des Lebens zusammengesetzt haben.

Aber die Vorgänge, die dafür verantwortlich gewesen sein mussten, waren für Darwin ebenso wenig fassbar wie für Generationen von Wissenschaftlern nach ihm – zu nebulös war die vier Milliarden Jahre zurückliegende Frühgeschichte des Planeten Erde, zu gründlich hatten Vulkane, Verwitterung und Meteoriten alle Spuren gelöscht, als dass man hoffen konnte, je die Ereignisse zu rekonstruieren, die zur Entstehung des Lebens führten.

Und je mehr die Biologen im Laufe der Zeit über den verzwickten Aufbau sogar der primitivsten Kreaturen lernten, desto weniger lösbar schien das Problem, desto absurder die Vorstellung, dass sich jemals auch nur ein Einzeller aus Eiweiß, Fett und Wasser von alleine zusammensetzte. Das sei ungefähr so wahrscheinlich wie »der zufällige Zusammenbau eines zerschellten Jumbojets, wenn der Sturm über die Trümmer fegt«, spottete der Astronom Fred Hoyle.

Der Biologe Francis Crick, der den Nobelpreis für seine Entdeckung der Erbsubstanz im Jahr 1953 erhalten hatte, stellte die provokante Behauptung auf, wenn die Entstehung des Lebens aus irdischen Ursachen nicht erklärlich sei, müsse man die Gründe dafür eben anderswo suchen: Aus dem interstellaren Raum könnten Keime herangeweht sein, möglicherweise hätten außerirdische Zivilisationen durch ein mysteriöses Verfahren, das Crick »Panspermie« nannte, diese sogar auf der Erde gesät.

Die große Mehrheit der Wissenschaftler hingegen flüchtete aus dem Dilemma in die einzige Erklärung, die ohne solch fantastische Zutaten auskam, aber ebenso unbefriedigend war: Eine beinahe wundersame Verkettung lächerlich unwahrscheinlicher Zufälle habe im Lauf der Jahrmilliarden zur Entstehung von Leben geführt. »Jetzt weiß der Mensch endlich, dass das Universum das Leben nicht in sich trägt«, erklärte der französische Nobelpreisträger Jacques Monod in seinem 1963 erschienenen Buch ›Zufall und Notwendigkeit‹, das ein Bestseller der Wissenschaftsliteratur wurde. Weil es ein schier unglaubliches Maß an Glück bedürfe, um auch nur die einfachsten Ausprägungen des Leben hervorzubringen, befinde der Mensch sich »allein in der Unermesslichkeit des Alls, aus der er planlos hervortrat«.

Doch während die Honoratioren der Wissenschaft noch philosophierten, hatte ein Student in Chicago bereits gezeigt, dass die Chemie des ersten Lebens experimentell durchaus zugänglich ist: Stanley Miller machte in den fünfziger Jahren international Furore mit einem simplen Versuch, der seine Forscherkarriere bis heute bestimmt.

Aus zwei Glaskugeln und vielen Röhrchen hatte Miller eine Apparatur gebastelt, mit der er die Situation auf der Erde vor vier Milliarden Jahren im Labor zu simulieren versuchte: Eine Kugel, etwa vom Umfang eines Apfels, stand für den Ozean. Eine andere, so groß wie ein Fußball, für die Atmosphäre. Dazwischen hatte er einen Behälter mit Elektroden geschaltet, worin sich Regen und elektrische Blitze erzeugen ließen.

Das Ozeangefäß füllte Miller mit Wasser, in die Himmelskugel ließ er eine Atmosphäre aus Methan, Wasserstoff und Ammoniak strömen. Im Regenbehälter erzeugte er künstliche Gewitter, indem er ihn unter Strom setzte.

»Irgendwann im Oktober oder November 1952 hat es funktioniert«, erinnert er sich. Im elektrischen Gewitter begann sich der Ozean rosa zu färben, nach einer Woche war er dunkelrot. Ein Gebräu aus Biomolekülen hatte sich gebildet, eine Ursuppe, worin Miller überreichlich Aminosäuren fand: die Bausteine der Eiweiße, nach damals vorherrschender Meinung die Grundsubstanz allen Lebens. Miller berechnete, dass auf der Urerde jährlich mehr als 100 000 Tonnen allein der Aminosäure Alanin hätten entstehen können – mehr als genug Baustoff für die ersten Organismen.

Sein Glaskugelapparat wurde zur Ikone, die für die Erklärbarkeit der Schöpfung stand – den damals 22-Jährigen machte sie weltberühmt. »Wenn Gott es nicht genauso gemacht hat«, kommentierte Millers Doktorvater, der Nobelpreisträger Harold Urey, »dann war er ganz schön bescheuert.«

Miller war damit der überwältigende Nachweis gelungen, dass die Entstehung erster Biomoleküle weit weniger geheimnisvoll war als gedacht. Er hatte damit die Voraussetzungen geschaffen, das Problem der Geburt des Lebens systematisch anzugehen; gelöst hatte er es freilich noch nicht. Schon wenige Monate nach seinem Erfolg schränkten zwei andere junge Forscher Millers Theorie ein: Eiweiße, die Miller so einfach erzeugen konnte, waren keineswegs die einzige Grundlage des Lebens. James Watson und Francis Crick, damals 25 und 37 Jahre alt, hatten in der Erbsubstanz DNS das Alphabet der Gene entdeckt. Es besteht aus vier Nukleotiden, Substanzen, die mit Eiweißen nichts gemein haben. Ohne Nukleotide, so stellte sich bald heraus, gibt es kein Leben.

Inzwischen ist es Miller gelungen, in seinem Urgebräu auch Nukleotide zu erzeugen. Doch er hat noch eine andere Niederlage hinnehmen müssen. Vermutlich, sagen Atmosphärenchemiker heute, bestand die Erdatmosphäre niemals aus Wasserstoff und Methan, denn das Sonnenlicht hätte die Mischung, die er in seine Glaskolben füllte, sofort zersetzt. Und mit Kohlendioxid, aus dem die irdische Gashülle damals wahrscheinlich bestand, funktioniert Millers ursprüngliche Reaktion nicht.

Wenn nicht in der Luft, wo dann entstanden die Rohstoffe des Lebens? Diese Frage wird unter den Forschern nach wie vor heftig diskutiert. Drei Schauplätze stehen zur Debatte: zugefrorene Ozeane, Vulkane am Meeresgrund und Gaswolken im All.

Millers eigener Theorie zufolge war die Erde vor vier Milliarden Jahren, als die Sonne noch um ein Drittel schwächer leuchtete, viel kälter als heute, was allerdings umstritten ist, weil niemand weiß, wie viel Kohlendioxid in der Atmosphäre als Treibhausgas der Kälte entgegenwirkte. Unter einer kilometerdicken Eisschicht auf den Ozeanen, vermutet Miller, habe sich doch eine Ursuppe nach seinem Rezept bilden können; dann erst habe ein gewaltiger Meteoriteneinschlag die Erde aufgetaut und damit den Startschuss fürs Leben gegeben.

An blubbernde Unterwasservulkane als Quell der Lebensbausteine glaubt hingegen Günter Wächtershäuser, ein Münchner Patentanwalt, der abends über die Entstehung des Seins nachdenkt. Er sieht als Anfang aller Kreatur den Schwefel, der aus Mineralien speienden Schloten auf dem Meeresgrund, so genannten schwarzen Rauchern, in die Ozeane vordringt.

Mit Wasserstoff und Eisen verbindet sich der Schwefel zu Katzengold, einem hellgelb glänzenden Gestein, auf dessen Oberfläche, wie Wächtershäuser glaubt, ein Belag von immer komplizierteren Biomolekülen wachsen konnte.

Der Hobbyforscher Wächtershäuser, anfangs belächelt, fand internationale Beachtung, als 1993 der Regensburger Mikrobiologe Karl Otto Stetter von seinen Tauchfahrten zu den schwarzen Rauchern berichtete – und von der fantastischen Welt, die sich ihm dort aufgetan hatte. Unglaubliche Lebewesen, von denen im

Kapitel ›Sinkflug ins Wunderland‹ ausführlich berichtet wird, existieren in der Tiefe, vermutlich seit Urzeiten und ohne Verbindung zur Außenwelt: meterlange Röhrenwürmer, blinde Riesenkrebse und Schwefel fressende Bakterien.

Stetter analysierte den genetischen Stammbaum der seltsamen Einzeller und fand Erstaunliches: Sie gehören zu den urtümlichsten Kreaturen, die heute noch auf der Erde leben.[5] Außerdem nahm er ein paar Brocken Katzengold mit und konnte nachweisen, dass manche der von Wächtershäuser postulierten Reaktionen, die dem ersten Leben Nahrung geliefert hätten, tatsächlich stattfinden. Der Münchner Patentanwalt sieht sich bestätigt: »Das Leben entstand in einer Art Hölle und versucht seither, ins Paradies zu kommen.«

Gesichert ist die Entstehung von Biomolekülen jedoch dort, wo niemand sie erwartet hatte – im All. Mehr als 50 verschiedene Aminosäuren fanden sich in einem Meteoriten, der 1969 in die australische Wüste stürzte. Mehr noch: Die Eiweißbausteine lagen in exakt jener Mischung vor, die Miller einst aus seinen Labor-Glaskugeln gekratzt hatte. Seit dem erstaunlichen Fund lauschen Astronomen mit Radioteleskopen ins All, um Schwingungen von weiteren solchen Molekülen aufzufangen. Bis zu einem Fünftel des Staubes, der zwischen den Galaxien vagabundiert, ist mit Biomolekülen befrachtet, schätzen sie heute, und in der Strahlung aus interstellaren Wolken spüren sie die Signale von immer neuen organischen Substanzen auf: von Ameisensäure, Kohlenwasserstoffen und Alkohol. Aus einem amerikanischen Beobachtungszentrum drang vor ein paar Jahren gar die Kunde, man habe in einer Gaswolke, die 25 000 Lichtjahre von der Erde entfernt wabert, Essig entdeckt.

Liegt Francis Crick, der Entdecker der Erbsubstanz, mit seiner Theorie von der Befruchtung aus dem intergalaktischen Raum doch nicht so falsch? Überreich entstanden die Rohstoffe des Lebens im All, so viel steht fest. Nun mussten sie nur noch auf die Erde kommen. »Eingeschlossen in Kometen« oder »auf winzigen Staubteilchen« könnten die Bausteine des Lebens durch die Lufthülle gereist sein, vermutet Jeff Bada, ein ehemaliger Schüler des

Chemikers Millers, der sich heute mit einem neuen Berufstitel schmückt: Exobiologe, Erforscher des außerirdischen Lebensursprungs.

Auf der Suche nach dem galaktischen Dünger ließ Professor Bada in den vergangenen Jahren seine Studenten ausschwärmen. In den kärgsten Winkeln der Welt, wo kaum ein Bakterium kosmische Lebenskeime vertilgen kann, fahndeten sie nach Sternenstaub. Auf antarktischem Eis suchten sie, in der Tundra Sibiriens und in den Überresten eines riesigen Meteoriten, der von 65 Millionen Jahren auf die Landmassen Mexikos geprallt war.

Überall entdeckten sie Eiweißbausteine aus dem Weltraum – mitunter gar Aminosäuren, wie sie kein irdisches Lebewesen hervorbringt.[6] Allein die Ausbeute war eher bescheiden. Nach den Fundstätten, die Badas Studenten bislang untersucht haben, hätte in all den Jahrmilliarden bestenfalls ein Fingerhut voll Biomolekülen auf die Erde geregnet sein können.

Aber selbst wenn ein Exobiologe der Zukunft herausfände, dass große Mengen solcher Substanzen irgendwann aus dem Weltraum hierher gelangt waren – den gelungenen Beweis für eine kosmische Befruchtung könnte er auch dann noch nicht feiern. Denn Essig und Ameisensäure, Nukleotide und Aminosäuren sind noch kein Leben, sondern nur die Bausteine, aus denen Gene und Eiweiße entstanden. Diese Stoffe sind keine Keime, sondern nur Dünger des Lebens.

Wie Moleküle, die sich vermehren konnten, aus diese Bausteinen entstanden – der zweite Akt im Drama der Lebensentstehung –, sollen Laborversuche aufklären.

Einen wichtigen Zwischenschritt haben die Chemiker inzwischen enträtselt – die Entstehung von Eiweißen und Genen. Kein irdisches Leben ohne sie: Die einen sind Arbeitssklaven und auch Baumaterial, die anderen die Ingenieure der Zellen; beide eng miteinander verbunden. Gene machen Eiweiße, und Eiweiße Gene. Jahrzehntelang hatten Forscher vergeblich herauszufinden versucht, was zuerst da war.

Zu Anfang der achtziger Jahre löste sich das Dilemma von Henne und Ei auf unerwartete Weise. In einem primitiven Bakterium hatten amerikanische Biologen Formen des Genmoleküls Ribonukleinsäure gefunden, die sich als wahre Zauberkünstler erwiesen: Sie konnten sich ohne die Hilfe von Eiweißen vermehren. Diese seltsamen Gene, Ribozyme genannt, sind Henne und Ei zugleich.

Die Ribozyme sind Moleküle, die Information tragen und sich selbst vervielfältigen können. Sie bestehen aus Nukleotiden, kleineren Molekülen aus Zucker und Phosphor, die zu einem Strang aneinander gefügt sind. In einer chemischen Reaktion kann jedes Nukleotid auf dem Strang sich einen Partner aus der Ursuppe suchen und sich ihm gegenüber anlagern – es entsteht ein Spiegelbild des ursprünglichen Ribozym-Strangs. Wenn sich Strang und Spiegelbild voneinander ablösen, bevölkern zwei Ribozyme die Welt, die ihrerseits Nachkommen schaffen können.[7] (siehe Grafik) »Solch ein sich selbst nachbildendes Ribozym«, so der Astrophysiker Carl Sagan, »war wahrscheinlich vor vier Milliarden Jahren das erste Ding, das man in gewissem Sinne lebendig nennen könnte.«

Woher aber kamen die ersten Ribozyme? Mit einem spektakulären Laborversuch zeigte der US-Biochemiker Leslie Orgel im

Die Entstehung der ersten Gene

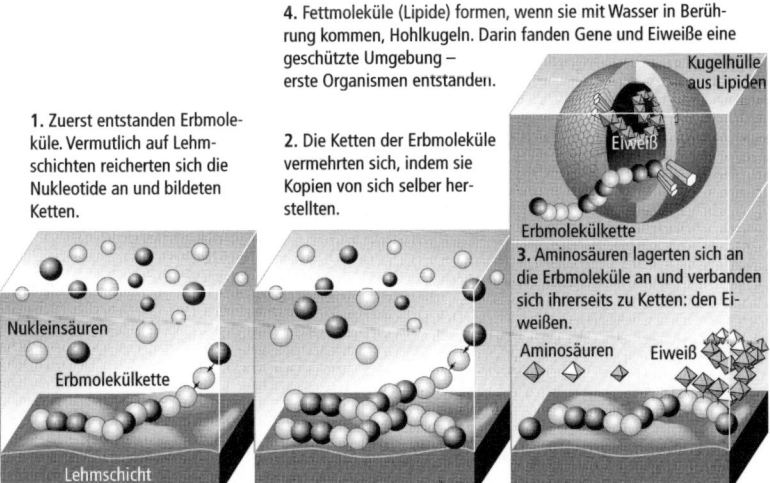

1. Zuerst entstanden Erbmoleküle. Vermutlich auf Lehmschichten reicherten sich die Nukleotide an und bildeten Ketten.

2. Die Ketten der Erbmoleküle vermehrten sich, indem sie Kopien von sich selber herstellten.

3. Aminosäuren lagerten sich an die Erbmoleküle an und verbanden sich ihrerseits zu Ketten: den Eiweißen.

4. Fettmoleküle (Lipide) formen, wenn sie mit Wasser in Berührung kommen, Hohlkugeln. Darin fanden Gene und Eiweiße eine geschützte Umgebung – erste Organismen entstanden.

Kugelhülle aus Lipiden

Eiweiß

Erbmolekülkette

Aminosäuren   Eiweiß

Nukleinsäuren

Erbmolekülkette

Lehmschicht

Jahr 1996, dass deren Einzelteile, die Nukleotide, sich auf Lehmschichten mitunter auch ohne Vorlage zu Strängen zusammenfügen: Die unregelmäßige Oberfläche des Lehms ist wie eine Grundlage, auf der sich die Genbausteine festsetzen.[8]

»So mussten die ersten Ribozyme fast zwangsläufig wachsen«,
erklärt Orgel. In Lagunen der Ozeane, wo Sonnenhitze die Ursuppe zu einen Schleim aus Genbausteinen verdickte, überwu-
cherten diese Erbmoleküle möglicherweise Lehm und andere Ge-
steine. Und vielleicht kam die Vielfalt des frühesten Lebens bereits
dadurch zustande, dass unterschiedliche Gene sprossen, je nachdem, wie die Oberflächen von Lehm und Gestein beschaffen waren. »Die Mineralien waren die Bibliothek, aus der das keimende
Leben abschrieb«, sagt Orgel.

Dabei ist noch nicht einmal gesagt, dass die Erbmoleküle damals schon so waren, wie sie heute sind. Vermutlich hat sich die
Ribonukleinsäure, wie sie heute in jeder Zelle als Erbmolekül
dient, aus einfacheren Vorformen entwickelt. »Und vielleicht«,
sinniert der Zürcher Chemiker Eschenmoser, »war das einfachere
Leben sogar das bessere Leben.«

Eine genetische Spielart solch ersten Lebens könnten die Ribopyranosylsysteme gewesen sein, die Erbmoleküle, welche die spin-
nenförmige Pumpe in seinem Kellerlabor zusammensetzt: Obwohl diese, chemisch gesehen, simpler als die heutige Ribonukleinsäure sind, bilden und vermehren sie sich offenbar leichter als
diese.[9] »Unsere Kunst-Gene«, behauptet Eschenmoser, »scheinen
den natürlichen Erbmolekülen weit überlegen.«

Warum aber hat sich die Natur dennoch anders entschieden?
Oder haben jene Forscher Recht, die glauben, die Evolution habe
Chancen, die ihr offen standen, einfach übersehen? Unvorstellbar
groß ist die Vielfalt an genetischen Möglichkeiten, die zu lebens-
fähigen Kreaturen führten, meint der Mikrobiologe und Nobelpreisträger Werner Arber; nur ein winziger Teil davon sei bisher
auf der Erde umgesetzt worden. Die meisten der nie gegangenen
Wege hätten wahrscheinlich Kreaturen hervorgebracht, die sich
von den heutigen unmerklich unterschieden. Vielleicht hätten
solch alternative Pfade der Naturgeschichte zu einem geringfügig

anderen Zellstoffwechsel geführt, der ohne tief greifende chemische Analysen gar nicht von dem unseren zu unterscheiden wäre. Was aber, wenn die Evolution schon ganz am Anfang einen anderen Lauf genommen hätte: Welche Form von Leben wäre entstanden?

»Man kann es nur ausprobieren«, meint Eschenmoser. Mag sein, dass sich seine Retortengene als Rohrkrepierer erweisen: als eine Form des Lebens, die in der Urzeit durchaus existiert haben könnte, bevor sie aus guten Gründen unterging.

Aber ebenso gut ist es möglich, dass seine künstlichen Erbmoleküle den Keim für eine Art Superorganismen bergen. Vielleicht, spekuliert Eschenmoser, würden aus ihnen nach Millionen von Generationen nie geahnte Lebewesen hervorgehen – Kreaturen, die heute nur deswegen nicht die Erde beherrschen, weil die Natur nie an sie gedacht hatte.

Wie der Schritt von den ersten Molekülkeimen des Lebens zu den frühesten Organismen vollzogen wurde, versucht Pier Luigi Luisi aufzuklären, Eschenmosers Züricher Kollege. Er arbeitet daran, den dritten Akt des Schöpfungsdramas nachzuahmen, in welchem sich die noch nackten Gene in schützende Häute kleideten und darin eine chemische Umgebung formten. Dadurch entstanden die Zellen, aus denen noch heute alle Geschöpfe von der Mikrobe bis zum Mensch aufgebaut sind.

Paradoxerweise mag es die Zellhüllen schon vor den ersten Genen gegeben haben: In den Weltmeeren, erklärt Luisi, könnten Myriaden von Kügelchen aus so genannten Lipiden getrieben haben – diese Fette haben die Eigenschaft, von alleine winzige Hohlkörper zu formen, sobald sie mit Wasser in Berührung kommen.

Mehr noch entdeckte Luisi bei seinen Experimenten mit diesen wunderlichen Substanzen: Schwimmen nur einige Kügelchen im Wasser, so stoßen sie chemische Reaktionen an, durch die aus Salzen neue Lipide zusammengefügt werden – sie schaffen Nachschub für neue Artgenossen.[10]

Fasziniert von den »merkwürdig intelligenten Molekülen« begann Luisi, der erst ausschließlich die Chemie der Lipide erforschte, sich dann dem Anfang des Lebens zuzuwenden: Woraus mag die erste Zelle, der Urahn aller Organismen, bestanden haben? Was brauchte sie zum Leben?

»Fast nichts«, vermutet Luisi: Ein Fettbläschen bot den ersten Genen Unterschlupf – noch heute umgeben Häute aus Lipiden das Innenleben der Zellen. Diese, glaubt er, entwickelten sich aus schwabbeligen Lipidmembranen, worin außer den Genen nur ein paar Eiweiße schwammen, die den Genen bei der Vermehrung und beim Aufbau neuer Lipide halfen.

Kann man aus diesen wenigen Zutaten eine lebensfähige Zelle, einen künstlichen Organismus zusammenbauen? Um das herauszufinden, hat Luisi ein originelles Experiment aufgebaut.

Unter einem Mikroskop hat er haarfeine Drähte gespannt. Wie Regentropfen hängen sich daran die Lipidbläschen: Ballons aus dünnen Fetthäuten, die sachte pulsieren. Mit einer Spritze sticht Luisi sie an und schießt ein paar milliardstel Gramm einer durchsichtigen Flüssigkeit hinein: ein Eiweiß, das Lipide für neue Membranen zusammenfügen soll.

Nach wenigen Sekunden knospt eine Ausbuchtung auf der Zellhülle: Ein neues Bläschen schnürt sich ab; die primitive Zelle hat sich verdoppelt. Bald bevölkern die Bläschen das ganze Reagenzglas.

Auch die Vermehrung und Weiterentwicklung von Genen in den künstlichen Zellhäuten ist Luisi bereits geglückt. Nun will er in seine Bläschen Gene einschleusen, welche die Geburtshilfe mit der Spritze überflüssig machen. Die Gene sollen eine ganze chemische Maschinerie steuern, die neue Membranen zusammenbaut. Und sie sollen sich verdoppeln, wenn aus einer Zelle zwei werden, so dass jeder Zell-Zwilling sein eigenes Erbgut abbekommt.

Wäre das Leben? »Wir glauben nicht mehr an eine Schwelle zwischen Tod und Leben«, sagt Luisi. »Es ist ein allmählicher Übergang.«

Dieser Wandel muss sich auf der Erde vor mindestens 3,6 Milliarden Jahren vollzogen haben. Diese Zahl wird angenommen, seit im Jahr 1993 der amerikanische Paläontologe William Schopf das Alter von Steinbrocken bestimmen ließ, die er an den Stränden Nordwest-Australiens eingesammelt hatte.[11]

In diesen basketballgroßen »Stromatolithen« hatte Schopf die Versteinerungen vorzeitlicher Wesen entdeckt: Unter dem Mikroskop erkannte er die Abdrücke von Zellen und winzigen Fangarmen – Formen, die den heutigen Blaualgen verblüffend ähneln. Fast ein Dutzend verschiedener Arten konnte Schopf unterscheiden.

Die wissenschaftliche Bedeutung dieses Fundes liegt vor allem im Alter der Abdrücke. Denn mit der Datierung war direkt bewiesen, was schon die Göttinger Analysen der Gen-Sprache vermuten ließen: Die ersten Geschöpfe auf dem jungen, noch dauernd von Meteoriteneinschlägen und Vulkanausbrüchen heimgesuchten Planeten Erde entstanden, sobald es möglich war. Auf wundersame Zufälle zu warten nahm sich die Evolution keine Zeit.

Der Weg ins Leben, so formuliert es der US-Geologe Verne Overbeck, war »schnell und einfach«. Sogar »mehrere Anläufe«, meint er, könnte die Schöpfung unternommen haben: »Immer wieder« wurden aus toter Materie frühe Organismen – Vorformen, die vielleicht ganz anders waren als unsere biologischen Ahnen, sich aber nie durchsetzten, weil herabstürzende Meteoriten sie alsbald auslöschten.

So deutet einiges darauf hin, dass das Universum das Leben, anders als Monod schrieb, eben doch in sich trägt. Obwohl der Jubel über angebliche Lebensspuren auf einem Meteoriten vom Mars verfrüht war – die angeblichen Lebensspuren haben sich inzwischen als anorganische Materie herausgestellt –, zweifeln nur noch wenige Forscher daran, dass allerorten der toten Materie eine Tendenz innewohnt, sich zu lebendigen Formen zu organisieren.

Was danach kam, der Weg zur Vielfalt der irdischen Kreaturen, war ungleich schwieriger als der rasende Start des Lebens. Als seien der Evolution die Ideen ausgegangen, stockte die Entwicklung der Organismen gleich nach dem Beginn. Die Einzeller, äußerlich von den Urzellen kaum zu unterscheiden, bleiben fast zwei Milliarden Jahre allein auf dem Planeten.

Nichts schien in Richtung höheres Leben oder gar Entwicklung von Intelligenz zu weisen – bis eine erstaunliche Erfindung der Natur der Evolution neuen Schwung verlieh: der Sex. Indem verschiedene Wesen begannen, ihr Erbgut miteinander zu vermischen, schufen sie eine nie da gewesene Fülle neuer Möglichkeiten. Am Anfang dieser Entwicklung pflegten Bakterien freizügigen Genaustausch; durch Verschmelzung verschiedener Bakterien entstanden später, vor etwa zwei Milliarden Jahren, die ersten Organismen mit Zellkern, die Eukaryonten, dann Pilze und Pflanzen. Schließlich entfaltete sich, mit Beginn des Kambriums vor 544 Millionen Jahren, unvermittelt die Tierwelt – im nächsten Kapitel ›Expedition in die Tiefenzeit‹ wird ausführlich von dieser Schicksalsepoche der Naturgeschichte berichtet.

»Unausweichlich«, glaubt der Biologe John Maynard Smith, habe die Natur immer komplexere Arten von Lebewesen hervorbringen müssen.[12] Auch Nobelpreisträger De Duve sieht den Zufall durch einen Trend kanalisiert, der letztlich »zu einem immer größeren Gehirn und damit zu mehr Bewusstsein, Intelligenz und Kommunikationsfähigkeit« geführt habe.

Natürlich kämen bei einem erneuten Durchlauf der Evolution einige Kleinigkeiten anders heraus, aber im Großen und Ganzen wäre am Ende das Ergebnis immer wieder das Gleiche: Denkende Wesen würden den Planeten beherrschen.

Warum, fragt De Duve, sollte das anderswo anders sein? Vermutlich habe auf fernen Planeten ein »beträchtlicher Teil der vorhandenen Biosphären« Intelligenz entwickelt – oder sei zumindest »auf dem Weg dahin«. De Duve: »Wir sind nicht allein.«

Vorerst wird es beim Glaubenskrieg bleiben. Denn ob die Entwicklung irdischer Vielfalt und menschlicher Intelligenz einzigartig oder geradezu notwendig war, ist im Planetensystem der Sonne nicht zu entscheiden. Nur erdähnliche Planeten außerhalb des Sonnensystems könnten eine Antwort geben, und dass es solche gibt, hat sich in den vergangenen Jahren gezeigt.

Längst hat die Gemeinde der Überzeugten ihre Radioteleskope ausgerichtet: Dieselben hoch empfindlichen Empfangsschüsseln, welche schon Biomoleküle in galaktischen Wolken aufgespürt haben, sollen nun auch Funksignale von fremden Zivilisationen auffangen. »Wir horchen auf Stimmen in den unendlichen

Ozeanen des Kosmos«, erklärt der amerikanische Astronom Frank Drake. Die Kritiker sehen in der galaktischen Suche einen absurden Auswuchs des Glaubens an die Vorbestimmtheit der Evolution: Wie können wir erwarten, Wesen auf fremden Himmelskörpern seien so beschaffen und würden Funksprüche absetzen wie der Mensch, merkte der Astrophysiker Carl Sagan an, »wenn wir nicht einmal die alten Schriften der Mayas verstehen, obwohl diese doch Menschen waren wie wir?«

Die Geschwindigkeit, mit der einst auf der Erde Leben entstand, und die Leichtigkeit, mit der Forscher in ihren Labors einzelne Schritte dahin nachvollziehen konnten, machen es überaus wahrscheinlich, dass sich auf vielen Planeten aus den allgegenwärtigen Biomolekülen primitive Zellen gebildet haben. Aber erst die Entdeckung von Leben jenseits des Sonnensystems könnte klären, was aus derartigen Urorganismen sonst noch werden kann.

Ein solcher Fund würde vorführen, wohin die lange Reise der irdischen Evolution auch hätte gehen können. Und wenn den Entdeckern manches doch bekannt erschiene, würde es zeigen, was auf Erden so kommen musste – weil es anderswo auch so kam.

Expedition in die Tiefenzeit

Yunnanzoon war ein Däumling, biegsam und feingerippt, von der Form und Größe eines Weidenblatts, doch ein Tier. Es konnte sich aus eigener Kraft durch die Meere schlängeln, mit seinem Rüsselmaul schlürfte es aus dem Salzwasser Plankton. Yunnanzoon lebte vor gut einer halbe Milliarde Jahren, ist also schon zehnmal länger verschwunden als der letzte große Dinosaurier. Viel Greifbares blieb nicht von ihm: Ein paar Abdrücke im Gestein sind alles, was Yunnanzoon lividum hinterließ.

Chinesische und schwedische Paläontologen haben diese Spuren vor einigen Jahren entdeckt.[1] So unscheinbar waren die Fossilien, die sie am Berg Maotian aus dem Erdreich gruben, dass die Forscher meinten, darin nur den Überrest eines weiteren wenig bedeutenden Geschöpfs aus der Epoche des Kambriums vor sich zu haben: noch ein paar Zeugnisse aus einer längst untergegangenen Welt, von der Art, wie naturhistorische Sammlungen schon zahllose aufbewahren. Der Organismus, den sie nach der Fundprovinz Yunnan, tief im Süden Chinas, benannten, war zweifellos interessant für die Kataloge, vielleicht würde er sogar Stoff für ein paar Veröffentlichungen bieten: Alltagsgeschäft für eine Handvoll Experten, kein aufregende Entdeckung.

Wie viel Berichtenswertes der Däumling Yunnanzoon zu bieten hat, das erkannten die Forscher erst, als sie seine Abdrücke genau untersuchten. Im Rücken dieses 525 Millionen Jahre alten Fossils entdeckten sie einen flexiblen Stützstab aus verhärtetem Gewebe: eine Vorform der Wirbelsäule?

Dann wäre der vier Zentimeter lange Planktonfresser Yunnan-

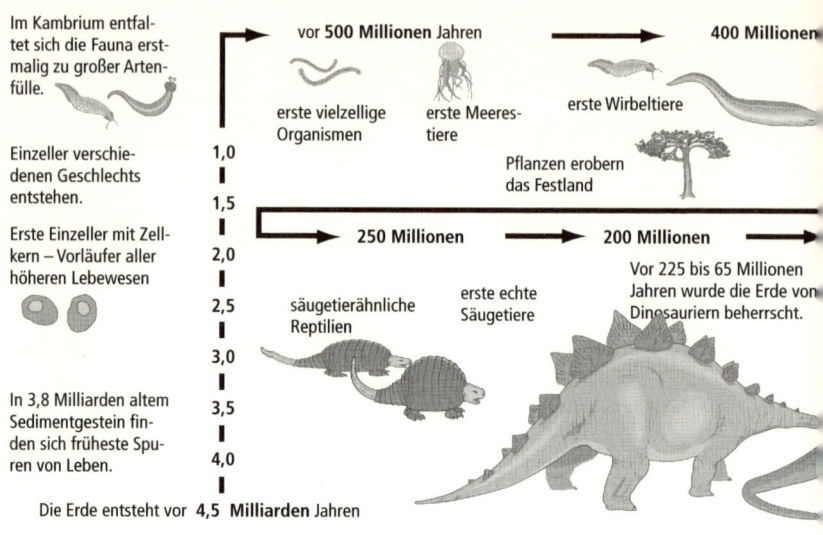

Im Kambrium entfaltet sich die Fauna erstmalig zu großer Artenfülle.

Einzeller verschiedenen Geschlechts entstehen.

Erste Einzeller mit Zellkern – Vorläufer aller höheren Lebewesen

In 3,8 Milliarden altem Sedimentgestein finden sich früheste Spuren von Leben.

1,0
1,5
2,0
2,5
3,0
3,5
4,0

Die Erde entsteht vor **4,5 Milliarden** Jahren

vor **500 Millionen** Jahren   **400 Millionen**

erste vielzellige Organismen   erste Meerestiere   erste Wirbeltiere

Pflanzen erobern das Festland

250 Millionen   **200 Millionen**

säugetierähnliche Reptilien   erste echte Säugetiere

Vor 225 bis 65 Millionen Jahren wurde die Erde von Dinosauriern beherrscht.

zoon der allererste Entwurf eines Wirbeltiers – Urahn von Hai und Dinosaurier, Zebra und Mensch. Fast alle Stammbäume des Lebens, die die Gelehrten bis dahin gezeichnet hatten, wären Makulatur. Zwar sind auch andere Wesen von Yunnanzoons Bauart bekannt, keines aber ist auch nur annähernd so alt. Einmütig waren die Forscher davon ausgegangen, dass die Chordatiere, die Vorläufer der Wirbeltiere, erst viel später auf der Erde erschienen. Nun sieht es so aus, als hätte die Evolution ihre komplizierteste Lebensform beinahe gleichzeitig mit all den primitiveren Tierstämmen hervorgebracht.

Woher war Yunnnanzoon, dieses so früh schon hoch entwickelte Wesen gekommen? Über mehr als dreieinhalb Milliarden Jahre lässt sich die Spur des Lebens auf der Erde zurückverfolgen: Naturhistoriker haben Überreste der frühesten Bakterien gefunden, Sedimente unter den Ozeanen bergen die Verwesungsprodukte von Körpern aus ferner Vergangenheit und selbst der Sauerstoff in der heutigen Atmosphäre zeugt, weil er sich ohne den Stoffwechsel der Algen und frühesten Pflanzen niemals gebildet hätte, von der Tätigkeit der ersten Organismen. Aber mehr als eine nur blasse Vorstellung von den Wesen, die damals lebten, hat die

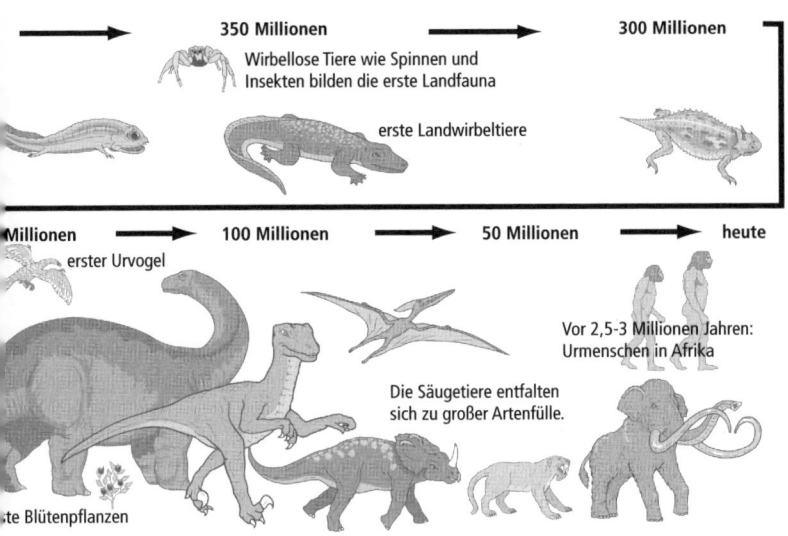

350 Millionen → 300 Millionen

Wirbellose Tiere wie Spinnen und
Insekten bilden die erste Landfauna

erste Landwirbeltiere

Millionen → 100 Millionen → 50 Millionen → heute

erster Urvogel

Vor 2,5-3 Millionen Jahren:
Urmenschen in Afrika

Die Säugetiere entfalten
sich zu großer Artenfülle.

te Blütenpflanzen

Menschheit allenfalls von den jüngsten Kapiteln der Naturgeschichte. Sechs Siebentel der Vergangenheit hingegen liegen fast
völlig im Dunkeln.

»Tiefenzeit« haben manche Forscher die unermessliche Zeit-
spanne vom Anbeginn der Erde bis zum Anbruch des Kambriums,
in der die biologischen Grundzüge der heutigen Welt festgelegt
wurden, genannt – eine blumige Umschreibung dafür, dass sie allenfalls schemenhafte Ideen davon haben, was während dieser
drei Milliarden Jahre geschah.[2] So gleicht die Erforschung der Tiefenzeit, die Suche nach dem ersten Tier, noch immer einer Expedition zu einem Kontinent voller Geheimnisse.

Der erste Mensch, der erahnen konnte, wie die Tierwelt entstanden war, war Charles Doolittle Walcott. In der Hochgebirgs-
wildnis Britisch Kolumbiens hatte sich dem amerikanischen Forscher im Jahr 1909 ein Blick in die ferne Vergangenheit aufgetan,
als er das Schiefergestein einer Formation mit dem Namen »Burgess Shale« untersuchte. Uralte und doch fotografisch genaue Abdrücke von wirbellosen Meerestieren entdeckte Walcott darin:
Fossilien, die wie die viel später gefundenen Spuren Yunnanzoons
aus dem Kambrium stammten.

93

Schier atemberaubend waren Qualität und Menge dieser Versteinerungen. Die Tiere, offenbar durch eine frühzeitliche Umweltkatastrophe unter Sauerstoffabschluss erstarrt und unter kilometerdickem Fels begraben, waren bis in die feinsten Verästelungen zu erkennen; bei einigen war sogar ihr Darminhalt erhalten. 73 300 solcher Abdrücke wurden geborgen. Einen ganzen Querschnitt durch die damalige Welt gab der Burgess Shale her.[3]

Kreaturen wie von einem anderen Stern bevölkerten in der Zeit, als diese Formation sich bildete, die Erde: Es gab ein kriechendes Tier namens Wiwaxia, das aussah wie eine Artischocke mit Maul und Fangarmen. Es gab Opabinia, ein garnelenartiges Geschöpf mit fünf Stielaugen und einem Staubsaugerrüssel, der in einer Beißschere endete.

Anomalocaris hat Walcott ein Monster genannt, das in jedem Horrorfilm hätte mitspielen können. Zwei Meter groß wurden die größten Exemplare dieses gefräßigen Räubers. Sein Rumpf bestand aus elf Lappen, der aufgequollene Kopf trug Greifarme, mit denen das Vieh die Beute in seinen kreisrunden Rachen schob. Umkränzt von spitzen Zähnen, schnappte der Schlund auf und zu wie der Verschluss eines Fotoapparats.

Datiert auf ein Alter von 530 Millionen Jahren, legten die Abdrücke dieser Wesen, die erstmals im Burgess Shale auftauchten, Zeugnis dafür ab, dass schon in der Fauna dieser Epoche eine enorme anatomische Vielfalt und biologische Komplexität vorzufinden war: Zähne und Tentakel hatten die Tiere schon damals, Köpfe und Schwänze, Herzen und Münder.

Walcott erklärte die kambrischen Wesen bedenkenlos zu den Vorläufern der heutigen Fauna; die Zeit aber, seinen Schatz eingehender zu studieren, nahm er sich nicht. So wurden die Steine, die Walcott bald nach Washington schaffte, zwar ein Prunkstück der von ihm geleiteten Smithsonian Institution, doch ihre eigentliche Botschaft blieb unerkannt. Erst als sich in den späten siebziger Jahren Paläontologen erneut über diesen Fund beugten, eröffnete sich ihnen nach jahrelangem Mikroskopieren und Nachmessen dessen wahre Bedeutung: Im Burgess Shale sind Vertreter fast aller heutigen Tierstämme konserviert worden.

Zug um Zug erkannten die Forscher, zuletzt durch das Abgleichen mit neuesten Fossilienfunden wie aus dem chinesischen Berg Maotian, selbst in den absonderlichsten Kreaturen dieser Epoche Vorläufer der heutigen Tiere. Das räuberische Monster Anomalocaris zum Beispiel entpuppte sich als früher Gliederfüßler – ein Stammvater also der Insekten und Spinnen. Wiwaxia, das durch den Schlamm kriechende Artischockentier, gehörte, so stellte es sich heraus, zur Klasse der Vielborstler wie der Seeraupe.

»Heilige Objekte der Evolution« nannte der Paläontologe Stephen Jay Gould die Fossilien aus dem Burgess Shale – bewiesen sie doch, wie gleichsam in einem Augenzwinkern der Erdgeschichte die gesamte moderne Tierwelt angelegt wurde.[4] Offenbar nur wenige Millionen Jahre währte diese ungemein kreative Periode der Natur; in so rasendem Tempo erfand die Evolution damals alle Formen der heutigen Fauna, dass die Paläontologen von der »kambrischen Explosion« sprechen. Denn die fossile Überlieferung berichtet von keinerlei Spuren höherer Tiere aus vorkambrischer Zeit. Wie aus dem Nichts schienen die Burgess-Tiere gekommen.

Was trieb die Evolution zu diesem plötzlichen Einfallsreichtum? Darwins Lehre zufolge, nach der die Entwicklung der Arten langsam und tastend verläuft, dürfte es eine solch dramatische Zeit der Erfindungen niemals gegeben haben. Fand also im Frühkambrium, vor rund 550 Millionen Jahren, so etwas wie ein biologischer Urknall statt? Oder ist die kambrische Explosion, die plötzliche Erschaffung der Tierwelt, nur ein Hirngespinst, mit dem die Paläontologen darüber hinwegtrösten wollten, dass sie kaum Zeugnisse besitzen aus noch früherer Zeit?

Erst im Kambrium beginnt die Ahnengalerie der präzisen Fossilien, weil zu dieser Zeit den Tieren Schalen und Panzer wuchsen. Die Tiere der vorkambrischen Welt hingegen dürften vorwiegend aus Weichteilen bestanden haben, die schnell verwesen. Nur außergewöhnliche Umstände, vor allem Abschluss vom Luftsauerstoff, können die gallertartigen Massen und Häute vor dem Verfall bewahren. Allzu oft sind die Paläontologen daher auf vage Abdrücke und Kriechspuren im Fels angewiesen, wollen sie vom frühesten Tierleben Kenntnis erlangen.

Daher hat kein Wissenschaftler eine genaue Vorstellung davon, was die Geschöpfe des Kambriums, Yunnanzoon und seine Zeitgenossen, einst hervorgebracht hat, und kaum einer hoffte, es je zu erfahren. »Kleine, schlabberige Dinger« müssen die geheimnisvollen Vorläufer gewesen sein, schrieb der amerikanische Evolutionsbiologe Eric Davidson: die Suche nach deren Hinterlassenschaften schien völlig aussichtslos.

Und doch dringt neuerdings Licht in diese fernste Vergangenheit. Spektakuläre Fossilienfunde, vor allem in Asien, zeichnen ein neues Bild vom Beginn des höheren Lebens, detailreich und voller Überraschungen. In chinesischen Phosphatgruben etwa fanden sich, exquisit konserviert, sandkorngroße Urorganismen, die am Anbeginn des tierischen Lebens gestanden haben könnten. »Wir gewinnen Daten fast schneller, als wir sie verarbeiten können«, erklärt der Paläontologe Andrew Knoll aus Harvard. Er sieht »den Nebel über einer ganzen Epoche der Urzeit« sich lichten.

Gelöst hat sich die Frage nach dem biologischen Urknall. Zwar bleibt unumstößlich, dass die Evolution nach drei Milliarden Jahren gemächlicher Entwicklung im Kambrium zu einer Periode enormer Aktivität auflief wie vorher und nachher nie wieder. Der Grund ist vermutlich in der Tätigkeit von Algen über Milliarden von Jahren zu suchen. Durch ihre Photosynthese hatten die Einzeller Ozeane und Luft immer mehr mit Sauerstoff angereichert, bis vor rund 550 Millionen Jahren ein Schwellenwert erreicht war, der auch für komplexere Tiere genügte. Die Evolution nutzte die neuen Möglichkeiten sofort und konnte mit Formen wild experimentieren, weil reichlich Nahrung da war für die neuen Geschöpfe und diese noch keine Fressfeinde hatten.

Doch es gab keine kambrische Schöpfung aus dem Nichts. Anders als noch vor kurzem viele behaupteten, hat der biologische Urknall wohl nie stattgefunden. Neue Fundstätten in Namibia, Russland und der Mongolei lassen eine Fauna von großen Weichtieren erkennen, die die Vorgänger der kambrischen Monstergeschöpfe gewesen sein konnten.[5]

Skurril und fremdartig erscheinen die Formen der Ediacara-Fauna, so genannt nach ihrem ersten Fundort in Südaustralien und mittlerweile an rund 40 weiteren Stellen entdeckt. Leben in Spiegeleiform muss vor 600 Millionen Jahren durch das Wasser der Urozeane getrieben haben; blattartige Organismen schaukelten in den Gezeiten; schleimgefüllte Lebensformen bedeckten die Ozeangründe. Dickinsonia, das einem zertretenen Kaugummi mit dem Durchmesser von fast einer Armlänge ähnelte, fand sich flach im versteinerten Sand. Charniodiscus glich einer Feder, die an einem Ball befestigt ist. Tribrachidium erinnert mit seinen drei speichenartigen Strukturen an einen frühzeitlichen Mercedesstern.[6]

Zu sonderbar waren vielen Forschern die Geschöpfe der Ediacara-Fauna lange erschienen, als dass sie als Ahnen der Tierwelt hätten durchgehen können. »Einzellige Dinosaurier« nannte der Tübinger Paläontologe Adolf Seilacher die seltsamen Lebewesen und verglich sie mit »wassergefüllten, abgesteppten Matratzen«. Weder innere Organe noch Anzeichen von Maul und After seien bei diesen Kreaturen zu finden. Unfähig zu fressen, hätten sie eher wie Pflanzen oder Wurzeln tief im Sediment vegetiert und sich überwiegend durch Photosynthese ernährt. Deswegen ordnete Seilacher die rätselhaften Weichwesen einem eigenen, mittlerweile abgestorbenen Ast des Naturstammbaums zu: den »Vedobionten«, von Tieren und Pflanzen getrennt.

So spärlich und schlecht sind Abdrücke, die von den Ediacara-Wesen blieben, dass der größte Teil unter ihnen noch immer kaum klassifizierbar ist. Seilachers Theorie bleibt deswegen einstweilen Spekulation. Aber neuere Funde rücken manche dieser Geschöpfe doch in die Nähe der Tiere. Verschiedene Ediacara-Geschöpfe wurden als Vorläufer der Schnecken, Muscheln oder Ringelwürmer erkannt. Seilacher selbst sieht mittlerweile das Tribrachidium, den präkambrischen Mercedesstern, als einen Verwandten der Schwämme.

Gegen das kambrische Schöpfungswunder als Neubeginn spricht auch, dass die Ediacara-Wesen, anders als vermutet, keineswegs längst ausgestorben waren, als die Kambrier kamen. Das belegt eine eine neu entdeckte Fossillagerstätte nahe der südaustralischen Stadt Adelaide. In ein und derselben Formation finden sich hier Spuren sowohl von kambrischen als auch von den älteren Ediacara-Tieren – offenbar reichte die Ära der Weichwesen bis lang in die Epoche der gepanzerten Räuber und Stielaugengarnelen.

Wer waren also die Urahnen dieser Urahnen der modernen Geschöpfe? Genuntersuchungen lassen keinen Zweifel daran, dass alle Fauna aus einer einzigen Wurzel stammt, und für ein paar hoffnungsvolle Wochen im Jahr 1998 sah es so aus, als seien Spuren eines solch frühen Wesens entdeckt: Adolf Seilacher gab an, er habe sie in Indien gefunden.

Nur wer am ganz frühen Morgen den Weiler Chorhat betrete, meint Seilacher, könne ahnen, dass der Boden unter diesem Dorf möglicherweise ein Geheimnis birgt. Wenn die Sonne noch tief steht, trete auf dem Boden dort ein Schattengewirr verwinkelter Rillen hervor, so, als hätte ein Holzwurm sich durch den Sandstein gefressen. Achtlos waren die Bauern jahrhundertelang an den Zeichen auf der Erde vorübergegangen, erst ein Trupp Landvermesser wunderte sich darüber. Über indische Kollegen erfuhr Seilacher davon, so reiste er, über 70-jährig, nach Chorhat, fertigte Gummiabdrücke vom bräunlich-verwitterten Gestein und nahm, in der Hoffnung, das Rätsel zu lösen, ein paar Proben.

Dann legte er eine Erklärung vor, nach der diese unscheinbaren Kanülen im indischen Untergrund Kronzeugen sind für ein neues Bild der Evolution. Radiometrischen Untersuchungen mit Strontiumisotopen zufolge sei das Gestein unter Chorhat 1,1 Milliarden Jahre alt: der Überrest von Blaualgenmatten, die an dieser Stelle einst den Grund eines vorzeitlichen Meeres bedeckt hätten. In den Kanälen sah Seilacher die Gänge von Kriechtieren, die sich zu jener Epoche durch die Algen gefressen hätten. Anders seien die Spuren nicht erklärbar.

Diese Entdeckung wurde in den Fachblättern euphorisch gefeiert, denn Seilacher, der große alte Mann der deutschen Paläontologie, hatte sich seinen Ruf als Zweifler erworben. Viele bis dato als wichtige Entdeckungen geltende Fossilien anderer Forscher hatte er als wertlose Steine entlarvt: Die Kollegen hatten sich in der Datierung ihrer Fossilien geirrt, gewöhnliche Verwerfungen im Fels als Versteinerungen missdeutet oder die Spuren längst bekannter Geschöpfe als sensationelle Entdeckungen verkauft.

Nun aber behauptete dieser Gelehrte selbst Sensationelles: Hoch komplexe Tiere mit Gedärmen, Lungen und Nervensystem hätten sich mehr als 500 Millionen Jahre früher als gedacht auf der Erde getummelt. Die Wesen, die Seilacher als gemeinsame Ahnen der Tierwelt ansah, sollen bleistiftdicke Würmer gewesen sein, die sich mit einer simplen Leibesöffnung durch den Algenkompost fraßen und sich durch peristaltische Zuckungen fortbewegten.[7]

Dass zu dem erdgeschichtlich frühen Zeitpunkt, den Seilacher als Ursprungsepoche der Wühlwürmer (»Triploblasten«) postulierte, noch nicht einmal ausreichend Luft zum Atmen die Erde umhüllte, erschien dem Forscher aus Tübingen nicht als Widerspruch. Er nahm an, die Würmer hätten die Algenmatten als Atemmaske benutzt und den Sauerstoff konsumiert, den diese erzeugten.

Doch es regte sich Skepsis, trotz Seilachers glänzender Reputation. »Bei allem Respekt«, bemerkte der Paläobiologe Simon Conway-Morris aus Cambridge, zeigten die Steine doch nur die Fresslöcher der angeblichen Würmer, nirgends Abdrücke der Urtiere selbst. Es sei daher immerhin denkbar, dass die Rillen doch anderen Ursprungs seien, etwa Hohlräume, in denen sich urzeitliche Amöbenkolonien eingenistet hätten. »Wenn die Erde eine halbe Milliarde Jahre lang ein Planet der Würmer gewesen sein soll«, fragte Conway-Morris, »weshalb finden wir dann nicht überall deren Spuren?«

Dann unterzogen jene indischen Geologen, die Seilacher auf die Spuren am Boden von Chorhat hingewiesen hatten, das Gestein einer zweiten Betrachtung und ihre Analyse zeigt, wie schwierig die Deutung von Spuren aus der fernen Vergangenheit selbst für die erfahrensten Forscher sein kann. Zwar fanden die indischen Wissenschaftler in Seilachers Fossilien Körnchen älter als eine Milliarde Jahre, doch es waren nur Einschlüsse, die vermutlich zu einer viel späteren Zeit in das Gestein gebacken worden waren. Unmittelbar neben den angeblichen Würmerspuren jedenfalls fanden sich Fossilien, die auf nur 540 Millionen Jahre datiert wurden – demnach wären die Zeugnisse, die Seilacher präsentierte, kaum älter.

So fällt der Ruhm, endgültig den Bann gebrochen zu haben, der die präkambrische Tierwelt umgab, Yun Zhang zu, Chinas eminentestem Paläontologen.[8] Fast gleichzeitig mit Seilacher war er mit seiner Entdeckung an die Öffentlichkeit getreten – zu bieten jedoch hatte Zhang ungleich mehr. Nicht mit vagen Spuren wartete der Chinese auf, sondern mit den einwandfrei erhaltenen Überresten der ältesten zweifelsfrei identifizierten Tiere überhaupt.[9]

Diese Geschöpfe, die vor 570 Millionen Jahren durch die Ozeane schwebten, haben möglicherweise ausgesehen wie Fußbälle. Und weil sie fragil fast wie Seifenblasen waren, sind versteinerte Embryonen alles, was von ihnen blieb: mikroskopische Körper, deren Umrisse wie Wundschorf auf schwärzlichem Fels prangen.

In den Phosphatgruben der südchinesischen Provinz Giuzhou, in denen Düngemittel gewonnen wird, hatte Zhang seine Entdeckung gemacht: eine unvermutete Hinterlassenschaft der Kulturrevolution, als die Rotgardisten Zhang zum Arbeitsdienst in die Gruben geschickt hatten.

Im weichen Phosphorgestein unter den Reisfeldern sah Zhang, den sein Forscherblick nie verließ, Runzeln, die nicht geologischen Ursprungs sein konnten. Er ließ Proben mitgehen. Als er sich Jahre später wieder an ein Mikroskop setzen durfte, erkannte er feinste Zellstrukturen in diesen Bröckchen – der Phosphor hatte die fragilen Gebilde perfekt konserviert.

Zhang missdeutete die Abdrücke zunächst als Algenreste. Erst unter einem Elektronenmikroskop in Harvard erkannten Zhangs amerikanischer Kollege Andrew Knoll und dessen chinesischer Doktorand, dem Zhang ein paar seiner Steine geschickt hatte, deren wahre Natur: Viele der geometrischen Zellhaufen wurden von einer Schale umschlossen, wie bei einem Ei. Und wie in den Embryonen der jetzigen Tiere teilten sich die Zellen mit jedem Entwicklungsstadium feiner auf. Vier, acht, sechzehn oder noch mehr immer kleiner werdende Kompartimente machten die Forscher nacheinander in den Steinen aus – ganz so, als würden sie einem neu gezeugten Lebewesen bei seiner Entwicklung zusehen.

Die Fossilien von Guizhou zeigen tausende solcher Larven, aber

100

kein einziges Tier von ausgewachsenem Körperbau. Das kann Zufall sein – vielleicht wurde im Kalziumphosphat eine riesige Ansammlung von Larven im frühen Stadium ihrer Entwicklung eingefroren. Aber Knoll glaubt nicht recht daran. Nach seiner Ansicht könnte es sich ebenso gut um erwachsene Tiere handeln, die aussahen wie heutige Embryonen.

Sollte er Recht haben mit seiner Vermutung und wären die simpelsten Tiere tatsächlich ähnlich gebaut gewesen wie Embryonen moderner Lebewesen kurz nach der Zeugung, dann gäben die Steine von Guizhou einer alten Spekulation neue Nahrung: 1874 hatte der Jenaer Zoologe Ernst Haeckel seine »Biogenetische Grundregel« aufgestellt, wonach die Embryonalentwicklung jedes Tiers den gesamten naturhistorischen Werdegang seiner Art im Zeitraffer durchmache. So spiegelten sich auch im Mutterleib des Menschen die unermesslichen Zeiträume der Evolution, hatte Haeckel erklärt: Weil zum Beispiel alle Landwirbeltiere von den Fischen abstammten, entwickle auch der menschliche Fötus Ansätze von Kiemen, dann erst Lungen.

Niemand nimmt Haeckels Theorien mehr wörtlich. Und doch ließen sich die Paläontologen bei der Deutung der chinesischen Funde von einem verwandten Gedankengang leiten: Weil manche der versteinerten Embryonen an frühe Entwicklungsstufen von Gliedertieren wie Krebsen erinnern, vermuten sie, dass in diesen Lebewesen bereits ein raffinierter Körperbau angelegt war – wahrscheinlich standen sie bereits auf einer höheren Entwicklungsstufe als zum Beispiel die heutigen Schwämme oder Quallen. Lange vor dem Kambrium und damit viel früher als gedacht, belebten ziemlich komplexe Tiere die Erde.

Darin stimmt der Fund von Giuzhou mit Genanalysen überein.[10] Im Erbgut der heutigen Lebewesen können Molekularbiologen Archäologie betreiben, indem sie die Genunterschiede zwischen verschiedenen Tierstämmen analysieren. Wenn alles Leben einen gemeinsamen Ursprung hat, müssen diese Abweichungen im Erbgut durch zufällige Mutationen entstanden sein. Ist die Häufigkeit solcher Mutationen in einem bestimmten Zeitraum bekannt, lässt sich daraus berechnen, wann ungefähr sich zwei Äste des Evolutionsstammbaums auseinander entwickelt haben.

Verfolgt man die genetischen Entwicklungslinien der Fauna zurück, so stellt sich heraus, dass vor mindestens einer Milliarde Jahren so etwas gelebt haben muss wie ein erstes Tier. Vor rund 670 Millionen Jahren bereits teilte sich die Fauna in Großgruppen auf: Als die Ediacara-Weichwesen entstanden und lange vor der kambrischen Explosion war in den Genen der damaligen Organismen schon entschieden, wer ein Vorfahre der Ringelwürmer werden sollte, wer Ahne der Gliederfüßler und vom wem irgendwann die Wirbeltiere abstammen würden.

So waren zu jener Zeit, als die Rundtiere von Giuzhou versteinerten, aus dem wahrscheinlich kugelförmigen Vorfahren von Mensch und Wurm schon verschiedene Ahnenreihen hervorgegangen – damals bildeten sich aller Wahrscheinlichkeit nach gerade die Gene, die für die Formen des Körperbaus zuständig sind (von ihnen handelt das nächste Kapitel).

Doch weil sich diese Gestalt bildenden Gene eben erst entwickelten, unterscheiden sich die Tiere auf den einzelnen Zweigen des Lebensstammbaums zunächst nur in der Feinstruktur ihres Erbguts, nicht äußerlich. Schwer zu sagen ist daher, wessen Urmütter und -väter die chinesischen Kugeln waren: Vorläufer von Fliege, Spinne und Krabbe – oder Ahnen von Seestern und Mensch?

Hoffnungsvolle Monster

Seine Geschöpfe hält Denis Duboule gut unter Verschluss. Im Keller seines Genfer Instituts, hinter Stahltüren, humpeln und kugeln sie durch die Käfige: Mäuse ohne Füße, mit übergroßen Köpfen oder mit Vorderbeinen, die an Seehundflossen erinnern. Die Tiere sind genmanipuliert. Als wollte er beruhigen, erklärt der Entwicklungsbiologe Duboule: »Wir haben nichts weiter mit ihnen vor. Wir züchten sie nur, weil wir herausfinden wollen, wie sich einst die Arten entwickelt haben. Am besten geht das, indem wir versuchen, neue Arten zu schaffen.«

Wie zum Beispiel, so fragt er sich, gelang es vor rund 360 Millionen Jahren den Fischen, sich Beine zuzulegen und an Land zu marschieren? Jahrzehntelang haben Paläontologen Fossilienskeletten die Antwort zu entlocken versucht. »Doch was dabei herauskam, war wenig befriedigend«, sagt Duboule. Große Lücken klaffen in der fossilen Überlieferung. Niemals werden die Naturhistoriker im Besitz einer ausreichenden Zahl von Versteinerungen sein, um alle Zwischenschritte vom Fisch zum Landtier nachzuvollziehen.

Und manch hintergründige Frage bliebe selbst mit der besten Kollektion offen: Wieso sind die Tiere der Welt eigentlich so merkwürdig ähnlich gebaut? Ob Skorpion, Aal oder Pfau – fast alle haben sie einen symmetrischen Körper, einen Kopf mit Fressöffnung am einen Ende und einen Schwanz am anderen, sind mit einem Herz ausgestattet, Augen und Darm.

Durch wildes Herumprobieren schreite die Evolution voran, hatte Charles Darwin gelehrt. Nichts zügle die Experimentierlust der Natur, nur lebenstüchtig müssten ihre Geschöpfe sein. Aber noch nie wurde ein Lurch gesehen, der mit Beinen und Flossen versehen ist, um sich an Land ebenso flott zu bewegen wie unter Wasser. Auch gab es kein Pferd mit vier Augen für besseren Rundblick (und vielleicht einem fünften am Schwanz) und noch nicht einmal zwölffingrige Affen – obwohl kein Gesetz der Evolutionstheorie die Entstehung all dieser Arten verbietet. Regiert also doch ein verborgener Plan die Schöpfung?

»Kein Fossil kann erklären, wieso bestimmte Tiere entstanden sind und andere nicht«, sagt Duboule. Deswegen spüren Biologen das Geheimnis der Evolution nun in einem anderen Erbe aus der Vorzeit auf. In den Genen jetzt lebender Tiere lernen sie, die Baupläne längst ausgestorbener Kreaturen nachzulesen.

Die Wissenschaftler versuchen, das Drehbuch der Artentstehung zu entschlüsseln, indem sie es in ihren Labors neu schreiben – mit nie da gewesenen Darstellern wie den Genfer Monstermäusen. Ihre Ergebnisse zeigen die Evolution aus neuer Perspektive. So kristallisiert sich heraus, dass in den Genen die Körperteile schon angelegt waren, Jahrmillionen bevor diese leibhaftig erschienen. Und dass der Urahn fast aller Tiere in einem einzigen Lebewesen zu finden sein könnte.[1]

Begonnen hatte dieser Aufbruch in die Frühzeit mit einer Sammlung von absonderlichen Fliegen. Genetikern waren merkwürdige Mutanten ihres liebsten Versuchstiers, der Fruchtfliege Drosophila, aufgefallen: Manche dieser Insekten hatten Flügel an Stelle der Augen, anderen wuchsen Beine, wo Fühler hätten sein sollen. Wieder andere sahen, mit einem zweiten Flügelpaar versehen, wie eine Libelle aus. Offenbar hatte ein einziger kleiner Zufallsfehler im Erbcode bei diesen Tieren einen völlig anderen Körperbau bewirkt.

Während der achtziger Jahre entdeckten Schweizer und amerikanische Molekularbiologen dann in den Eizellen von Fruchtfliegen eine Gruppe von Genen, die mit einem immer wiederkehrenden chemischen Erkennungsmuster, der Homöobox, versehen waren. Die merkwürdigen Gene erwiesen sich als eine Art Bauplan, nach dem sich das Insekt entwickelt: Sie sorgen dafür, dass den Fliegen an den richtigen Stellen die richtigen Körperteile wachsen. Acht solcher Erbträger, Hox-Gene genannt, finden sich auf dem Insektenchromosom. Während die Larve – vom Kopf her, wie alle Embryos – zu reifen beginnt, treten nacheinander die Hox-Gene in Aktion. Jedes ist für einen Körperteil zuständig, doch sie funktionieren alle nach demselben Prinzip. Sobald das genetische Wachstumsprogramm im keimenden Zellhaufen festgelegt hat, wo oben und unten, wo vorne und hinten sein soll, unterteilen die Hox-Gene den sich bildenden Organismus auf chemischen Weg in Bauabschnitte: In den Partien, aus denen der Kopf wachsen soll, bewirken sie die Ausschüttung anderer Signaleiweiße als im Rumpf oder am späteren Schwanz. Diese Eiweiße wiederum starten die Entwicklungsprogramme für die einzelnen Körperteile und befehlen untergeordneten Genen, die entsprechenden Teile zu formen – Rumpfsegmente, Beine oder Flügel.

Geraten die Hox-Gene durch Zufall durcheinander, entstehen jene sonderbaren Fliegen, durch die Genetiker auf den Mechanismus aufmerksam geworden waren. Schnell lernten die Baseler Forscher, durch Vertauschen dieser Gene Ungeheuer mit Beinen auf dem Kopf oder Flügel anstelle der Augen planvoll zu züchten. Jede kleine Änderung im Hox-Bauplan ergab ein neuartiges – und häufig lebensfähiges – Tier.

Nach dieser Entdeckung begannen Molekularbiologen weltweit, die Architektengene auch in anderen Tieren zu suchen. Von dem Ergebnis waren sie selbst überrascht: Egal, wo die Forscher fahndeten, ob in Würmern, Krebsen oder Affen – überall fanden sie die gleichen Hox-Gene. Einzig deren Anzahl ist verschieden: Während eine simple Fliege mit nur einer Kette von acht Hox-Genen auskommt, weisen die viel komplizierteren Wirbeltiere vier Stränge mit insgesamt 38 Genen auf.[2]

Bei allen Tieren leisten die Hox-Gene dasselbe – sie steuern das allmähliche Wachstum des Embryos nach dem Baukastenprinzip. Nur die untergeordneten Gene, die über die genaue Gestalt der Einzelteile bestimmen, unterscheiden sich von Tiergruppe zu Tiergruppe (siehe Grafik).

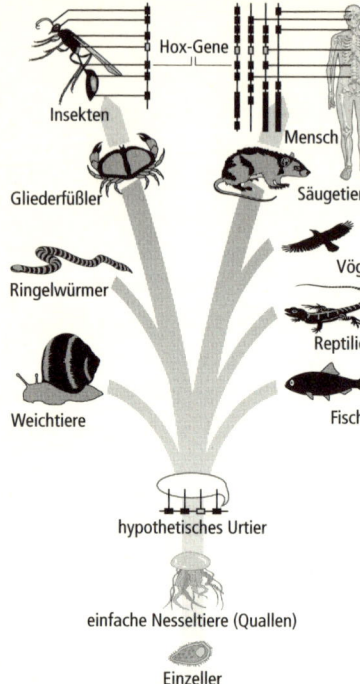

Hox-Gene

Insekten

Mensch

Gliederfüßler

Säugetiere

Ringelwürmer

Vögel

Reptilien

Weichtiere

Fische

hypothetisches Urtier

einfache Nesseltiere (Quallen)

Einzeller

Sämtliche Tiere wachsen nach dem selben Bauprinzip, das von den Hox-Genen festgelegt wird. Jedes Hox-Gen steuert die Entwicklung eines Körperabschnitts, die Abfolge der Hox-Gene entspricht der Anordnung der Körperteile. Im Verlauf der Evolution haben sich diese Steuergene vermehrt. Je komplexer ein Organismus, desto mehr Hox-Gene finden sich in seinem Erbgut – beim Menschen sind es 38.

Der Grundplan aber hat sich während der Evolution kaum verändert: Liegt hierin der Grund, dass alle Tierkörper ähnlich gebaut sind? Offenbar teilen sich in den Hox-Genen beinahe alle Tiere und auch der Mensch die Hinterlassenschaft eines ausgestorbenen Ahnen, von dem nichts geblieben ist als seine Gene. Aus diesem Erbe versuchen die Biologen nun, das mysteriöse Tier zu rekonstruieren, das am Anfang der Entwicklung von Würmern, Insekten und Wirbeltieren stand.

Einen Anhaltspunkt, wie dieses Wesen ausgesehen haben mag, geben jene bizarr versteinerten Embryonen in Fußballform, die der chinesische Paläontologe Yun Zhang entdeckt hat. Kaum sandkorngroß und aus nur wenigen Zellen bestehend, zeigt sich dennoch in der Geometrie dieser Tiere, dass offenbar damals schon Hox-Gene wirkten. Denn in den winzigen Kugelkörpern sind verschiedene Abschnitte zu erkennen.

Wie immer der letzte gemeinsame Vorfahr von Fliege und Mensch beschaffen war – schon er muss Vorformen von Blutkreislauf und Sehsinn besessen haben. In den Genen des geheimnisvollen Ahnen nämlich waren die Anlagen für Augen und Herz schon vorgezeichnet: Auch das zeigt die molekulare Paläontologie. Denn so, wie Hox-Gene den Körperbau steuern, scheinen andere, ebenfalls sehr alte Supergene für bestimmte Organe zuständig zu sein.

Die Hox-Gene regeln die Gesamtarchitektur des Organismus, indem sie den wachsenden Embryo in Abschnitte unterteilen und so eine Art Koordinatensystem festlegen. Die so genannten Master-Gene hingegen sind Schalter, welche das Wachstum eines Auges, einer Niere oder einer Lunge anregen. Dass die Master-Gene ebenfalls zwischen verschiedenen Tierarten übertragbar sind, hat der Basler Entwicklungsbiologe Walter Gehring in mehreren Schritten eindrucksvoll bewiesen. Zuerst züchtete er Fruchtfliegen mit 14 Augen an abseitigen Stellen: auf den Flügeln und an den Beinen, sogar an den Spitzen ihrer Fühler. Gehring hatte die Wirkung eines Master-Gens verstärkt, das in den Larven die Entwicklung der Augen steuert.

Dann ging der Schweizer Forscher einen Schritt weiter: Er entnahm Mäusechromosomen das entsprechende Augen-Gen und schleuste es in Fruchtfliegenlarven ein. Wieder waren die ausgewachsenen Fliegenkörper mit rubinrot glitzernden Insektenaugen übersät. Die Umtauschaktion im Erbgut funktionierte auch, als Gehring seinen Fruchtfliegen dieses Augen-Gen eines Tintenfisches einbaute. Ein anderes Gen, das die Entwicklung der Augen steuert, entdeckten Gehrings Mitarbeiter vor kurzem sogar in simplen Flachwürmern, deren Sehvermögen aus ein paar lichtempfindlichen Zellen resultiert.

Nach diesem Prinzip funktionieren auch die Entwicklungsprogramme für andere Körperteile – zeitgleich zu den Baseler Experimenten hatten US-Forscher ein Gen gefunden, das in Mäusen wie in Fliegen das Herz wachsen lässt. »Genetisch sind sich die Lebewesen sehr viel ähnlicher, als wir es je vermutet hätten«, sagt der Baseler Biologe Georg Halder. »Inzwischen fragen wir uns: Was erzeugt eigentlich die Unterschiede zwischen Würmern und Menschen?«

Die Antwort liegt offenbar zu einem wesentlichen Teil im Fahrplan, nach dem die Hox-Gene während des Embryonalwachstums aktiv werden. Tierformen verändern sich dramatisch, wenn sich bestimmte Hox-Gene etwas früher oder später ein- und aus-

schalten. Schwäne zum Beispiel, fand der Harvard-Biologe Cliff
Tabin, haben mehr Halswirbel und damit längere Hälse als Hüh-
ner, weil bei ihnen das entsprechende Hox-Gen länger den Körperbau befiehlt. Und als Molekularbiologen durch Injektion
bestimmter Signaleiweiße in den Rhythmus der Hox-Aktivität
von Schlangen eingriffen, wuchsen diesen Kriechtieren Stummel-
füße.[3]

Derlei Versuche unternahmen auch die Genfer Forscher um Denis Duboule. So kamen durch chemische Manipulation der Hox-
Steuerung Tiere mit verkürztem Unterleib zur Welt, denen einzelne Zehen fehlten – den männlichen Exemplaren überdies der Knochen, der den Penis stützt.

Keineswegs ist dieser Zusammenhang von Gliedmaßen und Ge-
nitalien ein Zufall, meint Duboule. Die merkwürdige Verbindung
von Fingern und Sexualorganen, die an seinen Krüppelmäusen zu
sehen sei, zeige sich auch bei Erbkrankeiten des Menschen, bei der
Jungen und Mädchen mit verkürzten Daumen und Abnomalien
an den Geschlechtsteilen zur Welt kämen.[4] Duboule sieht darin
den Ausdruck eines »umfassenderen Gleichgewichts« der Anato-
mie: Offenbar seien die Baupläne der Natur so angelegt, dass es
ein Wirbeltier mit zwölf Fingern deswegen nicht geben könne,
weil es unfruchtbar wäre.

Auf diese Weise, vermutet er, hat die Natur ihre Generalbau-
pläne besonderem Schutz unterstellt: Mutationen in den Hox-Genen führen zur Zeugungsunfähigkeit und können sich so nicht
weiter verbreiten.

Die strenge Konservierung dieser Gene erscheint als Einschrän-
kung, erwies sich aber als Vorteil in der Evolution. Denn gerade
weil jedes einzelne Hox-Gen nicht nur an einer, sondern an mehreren Stellen in den Körperbau eingreift, sind diese Architekten
des Tierreichs so bedeutsam für die Artenentstehung gewesen: Sie
haben der Natur viel sinnloses Herumprobieren erspart. Denn bereits mit einer kleinen Änderung im Ablauf des Hox-Programms
lassen sich völlig neue Formen erfinden, ohne den bewährten
Grundplan in Frage zu stellen.

Daraus erklären sich die Ereignisse im Kambrium, jenem kreativen Zeitalter der Natur, als erstmals Tiere heutiger Bauart auftraten: Es waren offenbar Hox-Gene, welche vor 530 Milliarden Jahren die kambrische Explosion der Erscheinungen hervorriefen, von denen das vorige Kapitel berichtet: die rasante Erfindung von Zähnen und Klauen, Augen und Mündern. Fest steht, dass sich in dieser Zeit die Hox-Gene im Erbgut der Organismen vermehrten und so immer kompliziertere Körperdesigns erlaubten: Quallen, die es schon vor dem Kambrium gab, haben zwei Hox-Gene; Plattwürmer, die damals entstanden, haben vier, Krebse acht, die Lanzettfischchen zehn.»An diesem Punkt«, meint der amerikanische Paläobiologe David Jablonski,»erreichte die Natur – peng! – eine kritische Masse.«

Verglichen mit dem Erfindungsreichtum im Kambrium, hat sich jedenfalls seither wenig getan. Die Hox-Gene sind dieselben geblieben; zu den nur 37 Grundbauplänen der Tiere, die damals entstanden, kam kein einziger mehr hinzu. Wie bei einem Kartenspiel hatte die Natur ihr Blatt verteilt.

Nur ein kleiner Wandel in der Hox-Steuerung mag es dann, rund 200 Millionen Jahre später, manchen Fischen erlaubt haben, die Ozeane zu verlassen, auf festen Grund zu kriechen und ihre Flossen abzuschaffen. Denn alles, was ein Wirbeltier für die Fortbewegung an Land braucht – Vorderbeine, Hinterbeine und Hüften –, bildet sich unter der Regie eines einzigen Hox-Gens: des Fuß-Flossen-Gens Hoxd-13.

Das hat Duboule herausgefunden, indem er verglich, wie seinen Mäuseembryos die Füße und wie Zebrabärblingen, das sind daumengroße, blauweiß gestreifte Fische, Flossen wachsen. Beiden Tieren wächst an der Stelle der späteren Extremitäten zunächst ein Stummel vom Rumpf gerade nach außen. Doch während der werdende Fisch es dabei bewenden lässt (und den Spross nur noch mit etwas Flossenhaut schmückt), legen die wachsenden Beinknöchelchen von Landwirbeltieren am Ende eine Kurve ein: Der Fußballen entsteht, aus dem die Zehen sich fächern.

Bei den Fischen ist das Gen Hoxd-13 zu diesem Zeitpunkt schon abgeschaltet. Bliebe es etwas länger aktiv, wüchse vielleicht auch ihnen eine Art Fußballen, spekuliert Duboule.»Möglicherweise änderte sich genau diese Abfolge, als aus Fischen die ersten Landtiere hervorgingen.«

Neuere Fossilienfunde deuten in diese Richtung. So entdeckten Paläontologen in Grönland die Reste eines salamanderartigen Wesens, das vor 360 Millionen Jahren im Wasser lebte. Das Tier namens Acanthostega hatte Kiemen und sah aus wie ein Fisch mit primitiven Füßen – möglicherweise war dieser Urlurch nach einer Hox-Gen-Mutation entstanden.

Was aber müsste geschehen, damit umgekehrt Mäusen Fischflossen wachsen? Auch das will Duboule herausfinden: Er lässt Mäuse-Eizellen Gene von Fischen einsetzen, welche die Maus-Hox-Gene umprogrammieren sollen.

Beharrlich traktieren Duboules Mitarbeiter, ein Stab aus zwanzig ehrgeizigen Nachwuchswissenschaftlern, Mäusezellen mit Basen und Enzymen.

Noch ist keine der ersehnten Chimären zur Welt gekommen, im Jargon der Entwicklungsbiologen »hoffnungsvolle Monster« genannt. Gäbe es Mäuse mit Fischflossen, so ließe sich besser verstehen, wie die Hox-Gene funktionieren. Naturgeschichtlich aber, das räumt Duboule ein, wären solche Wesen ein Schritt in die Vergangenheit – eine menschengemachte Pirouette der Evolution. Schließlich entwickelte sich alles Leben in den Gewässern und eroberte von dort aus das Land. Und weil die Geschöpfe der Kontinente nur Körperformen zeigen, deren Grundzüge in den Genen ihrer Ahnen im Meer längst angelegt waren, kommt die Wissenschaft nicht umhin, die Evolution dort zu ergründen, wo sie ihren Ausgang nahm: unter Wasser.

Sinkflug ins Wunderland

Wie ein totes Insekt treibt die »Deep Flight« auf dem Wasser. Plötzlich beschleunigt das Gefährt, lässt Gischt von den Stummelflügeln spritzen und senkt die Nase steil hinab. Pazifikwellen schlagen über dem Tauchboot zusammen.

Nur das Plexiglas der Sichtkuppel trennt Graham Hawkes vom Druck des Ozeanwassers. An ihm ziehen Mantas vorbei, Teufelsrochen, neben deren Flügeln von sechseinhalb Metern Spannweite das Vehikel lächerlich klein erscheint. Ein Gestöber von weißen Flocken wie Schnee, der von unten nach oben fällt, bewegt sich vor Hawkes Augen – schwimmende Bakterienkolonien. Gleichmäßig, computergesteuert, schraubt sich die »Deep Flight« in die Tiefe.

Eine knappe Stunde lang durchgleitet sie Wasserschichten im Zwielicht, in denen sich Leuchtwesen drängen. Farbige Blitze zucken aus allen Richtungen, es sind Krakensignale, schillernde Fangfäden von Kranzquallen und aufglühendes Plankton. Schwerelos treiben Medusen, Rauchschwaden gleich, durch das Unterwassergewitter.

»Sie haben vor kurzem welche gefunden, die 40 Meter groß werden«, erzählt Hawkes, »mächtiger als ein Blauwal.« Aber das wirkliche Interesse des Ingenieurs Hawkes gilt nicht den Geschöpfen des Meeres, sondern seiner eigenen Erfindung, der »Deep Flight«, die er nun testet.

Mit dem Tauchboot, gebaut wie ein winziges Düsenflugzeug, will Hawkes in die tiefsten Gräben der Weltmeere vordringen, was bislang erst ein einziges Mal gelang. Die »Deep Flight« aber würde Unterwasserexpeditionen dorthin so einfach machen wie eine Flugreise:»Diese Maschine ist der Schlüssel, der neue Türen zu unserem Planeten öffnen wird.«

Hawkes ist einer jener Pioniere, die aufgebrochen sind, einen Kosmos zu erkunden, über den die Menschheit weniger weiß als über den Mond. Zwar drängt sich inzwischen die halbe Erdbevölkerung an den Ozeanrändern; jeder Zweite, Tendenz steigend, lebt 60 oder weniger Kilometer von der See entfernt. Doch die Tiefsee ist den Menschen zu Beginn des 21. Jahrhunderts ein vernachlässigter Rumpelkeller geblieben, lange als Atommüllkippe genutzt – und voller Rätsel.

»Es ist absurd«, sagt der Ozeanograph Robert Gagosian, der am Meeresforschungszentrum Woods Hole bei Boston arbeitet. »Wir leben auf einem Planeten, dessen Biosphäre zu 99 Prozent aus Wasser besteht, und wissen fast nichts über diesen Lebensraum.« Auch nach Jahrhunderten der Naturforschung ist den Wissenschaftlern nur ein Bruchteil des Planeten bekannt, ihrem gewaltigen Wissen über das Land steht eine schier grenzenlose Unkenntnis des Lebens am Meeresgrund gegenüber.

Niemand kennt die genauen Regeln, nach denen die Fischschwärme ziehen. Erst recht ist der Wissenschaft kaum bekannt, was in den tiefsten Tiefen der Meere lebt. Schon relativ seichte Gewässer, in welche die Forscher heute problemlos vorstoßen könnten, sind noch immer fremdes Terrain: Nicht einmal ein Prozent der Tiefsee wurde bislang erkundet. Tiefen jenseits 6 000 Metern erreichen nur fünf Tauchboote weltweit. Und allenfalls wenige Dutzend Menschen haben bisher die Vulkangebiete auf dem Grund von Atlantik und Pazifik besucht, dort, wo die Kontinentalplatten aufeinander krachen und aufbrechen, wo Beben entstehen und sich an rauchenden Schloten Geschöpfe wie von einem anderen Stern tummeln.

Wer aber das Leben auf der Erde verstehen will, muss tauchen – vom Stammbaum der Natur liegen höchstens die Wipfel oberhalb der Wasserlinie. Das Meer, Gebärmutter des irdischen Lebens und während neun Zehnteln der Evolution seine einzige Heimat, beherbergt noch heute 72 von insgesamt 79 Tierklassen. Mehr als die Hälfte dieser Klassen ist endemisch, also nur dort vertreten.

»Eine neue Welt«, sagt Gagosian, eröffne sich den Forschern, die sich hinabbegeben in die Tiefen unter der offenen See. Tauchboot-Erkundungen, aber auch Messungen von Satelliten und die von einer Vorhut von Unterwasserrobotern heraufgesendeten Daten lassen die Wissenschaft, wie Gagosian es formuliert, in den Ozeanen ein Universum vermuten, vielfältiger und weitaus fremdartiger, als wir es uns je vorgestellt haben.

Manche Forscher vermuten sogar, es gebe eine merkwürdige Verbindung zwischen Ozean und Kosmos: Die fremdartigsten unter den Organismen auf dem Meeregrund seien Modelle dafür, was künftige Entdecker außerirdischen Lebens erwartet.

Solch eine Deutung werde im selben Maße plausibler, in dem neue Satellitenbilder Vermutungen von Vulkanen und Wasser auf dem Jupitermond Europa nähren, argumentiert der US-Ozeanograph John Delaney: Kreaturen der Tiefsee, die unter dem Ozeandruck von 300 Atmosphären wachsen, ohne Sonnenlicht gedeihen und sich an vulkanischen Unterwasserschloten allein von Kohlendioxid und Schwefelwasserstoff ernähren, fänden auf fremden Gestirnen ideale Bedingungen. Demnach existiere ein Spiegelbild des Kosmos unter der Wasserlinie – ein »inner space« in der Tiefsee.

Mit diesen Bildern beschwören Wissenschaftler erneut jene romantischen Gefühle herauf, deren Gegenstand die Weltmeere immer schon waren – bereits Sigmund Freud vermutete in der Grenzenlosigkeit, die die scheinbar unendlichen Fluten suggerieren, die »eigentliche Quelle der religiösen Energie«.

Dabei ist, ganz ohne phantastische Zutat, aufregend genug, was die wissenschaftliche Erforschung der Meere den Menschen verheißt: Nur in den Ozeanen finden viele Rätsel der Evolution ihre Lösung; die Nahrungsversorgung der Zukunft ist ebenso zentrales Thema der Ozeanographen wie das globale Klima; völlig neuartige Medikamente werden als neue Früchte des Ozeans in Aussicht gestellt, wundersame Mikroben, die als Arbeitstiere dienen, und Bodenschätze wie Mangan, Kupfer und Gold.

Angestachelt von solcher Kunde entdecken die Industrieländer, die jahrzehntelang Milliarden in die Forschung des Weltalls investiert haben, inzwischen das Potenzial und die Gefahren der Lebensräume unter der offenen See. Japans Regierung hat die Ozeanforschung zur nationalen Priorität erhoben. Deutsche Wissenschaftler unternehmen Tiefbohrungen in den Meeresboden und betreiben intensive Mikrobenforschung. In den Großforschungslabors der Vereinigten Staaten bereiten Forscher eine Eroberung der Tiefsee im Stil der Marslandungen vor. Sie konstruieren eine Armada von Tauchrobotern, die auf dem Ozeangrund niedergehen, dort wie schlafende Spürhunde ruhen und ausschwärmen werden, sobald Forschungscomputer, in dickwandigen Glaskugeln herabgelassen, es befehlen.

Wohl zum endgültig letzten Mal in der Geschichte begibt sich damit die Wissenschaft, die, seit die Kontinente vermessen sind, vornehmlich zu einer Labor- und Schreibtischveranstaltung verkümmert war, wieder auf Expedition zu irdischem Neuland.

So hat ein internationales Konsortium von Geowissenschaftlern die Verkabelung aller Weltmeere mit einem Netz von automatischen Observatorien begonnen. Das Ziel dieses ehrgeizigen Unternehmens ist es, sozusagen aus der Unterwasserperspektive die Dynamik des Planeten Erde zu verstehen. Denn die Erdbebenstationen auf dem Land können nur einen kleinen Teil der Erdkruste abdecken – und zwar den weniger interessanten. Die Kräfte des Magmas sind dort am stärksten, wo die Kontinentalplatten zusammenstoßen und auseinander weichen: In den Gräben und Gebirgen der Ozeane zeigt sich, wie die Erdteile driften, wie sich Beben anbahnen und wie neue Kontinente entstehen.

Auf einem untermeerischen Gipfel vor Hawaii hat der Geologe Fred Duennebier im Oktober 1997 das erste derartige Observatorium in Betrieb genommen. Rund um die Uhr überwachen nun Videokameras, Hydrophone und Erschütterungsmelder den Berg Loihi, einen aktiven Unterwasservulkan, der gerade dabei ist, eine Insel aufzuwerfen. 21 Kilometer breit und 40 Kilometer lang ist die aktive Formation in der Tiefe, deren Grollen bis an die Strände Hawaiis hörbar ist. Mit bemannten U-Booten dorthin

aufzubrechen wäre viel zu gefährlich – die Geröllhalden und Über-
hänge am Berg Loihi sind so instabil, dass Erdrutsche ein Tauchboot jederzeit begraben könnten. Regelmäßig stürzen ganze Vul-
kankegel ein und hinterlassen Trümmerfelder, Schluchten und
Steilhänge von unvorstellbaren Ausmaßen. Deswegen hat Duennebier Roboter in diese Unterwasserödnis geschickt. In 1 000 Metern Tiefe führen die Geräte, die über Seekabel Meldung an Land
erstatten, Experimente durch, fertigen Gasanalysen an und liefern
Daten darüber, wie neues Leben aus Bakterien und Mikroorganismen die mineralhaltigen Vulkankrater besiedelt.

»Die Welt entsteht direkt vor deinen Augen«, sagt Duennebiers
Kollege Frank Sansore, der die Proben aus der Tiefe untersucht,
»wie in einem kleinen Ausschnitt aus einem großen Bild.« So ähnlich, glaubt er, könnte es gewesen sein, als gewaltige Wassermas-
sen den Globus bedeckten und sich die Lava einen Weg aus dem
Erdinneren suchte, um Kontinente zu bilden.

Mittlerweile haben Dünnebier und andere Geologen auch Sen-
soren 100 Meter unter den Meeresboden der entlegensten Gründe des Indischen Ozeans positioniert. Von dort aus kann man bis
zum glühenden Rand des Erdkerns sehen.

Vom Grund sämtlicher Weltmeere existiert seit neuestem sogar
eine verlässliche Karte. Ein kalifornisches Forschungszentrum
durfte dieses Werk im Jahr 1995 herausgeben, das auf Daten der
amerikanischen Marine beruht. Jahrelang hatten Navy-Wissen-
schaftler mit Satelliten die Schwerkraft der Erde gemessen, um die
Zielsicherheit von Interkontinentalraketen zu verbessern. Späte
Frucht dieser geheimen Mühen: ein Atlas, der sämtliche Unter-
wassergebirge nun mit einer Abweichung von sechs Kilometern
zeigt, was trotz aller Fortschritte bedeutet, dass die Nachbarge-
stirne Venus und Mars noch immer viel detaillierter vermessen
sind als die Meerestiefen der Erde.[1]

Es hat weltpolitische Gründe, dass die Erforschung der Meere
erst nach Ende des Kalten Krieges vorankommen konnte: Jahrzehntelang hatten die Militärstrategen den Atomkrieg aus den Ab-
gründen der Meere geplant. Erst jetzt geben sie einen Teil ihres Ge-
heimwissens preis.

Wissenschaftler fotografieren mit Laser-Spionagekameras die Tiefengewässer und nutzen die Atom-U-Boote der Marine. Mit der amerikanischen NR-1, einem kuriosen Tauchvehikel, das auf dem Meeresboden wie an Land fahren kann, unterquerte ein US-Forscherteam im Winter 1996 die Arktis.[2] Auch offenbarte die US-Marine ihre Erkenntnisse über Unterwasser-Klangkanäle, in denen sich Schall über Tausende Kilometer ausbreitet, und stellte ihr weltumspannendes U-Boot-Abhörsystem zur Verfügung. Der 85-jährige Ozeanograph Walter Munk aus San Diego, Kalifornien, glaubt, mit diesem Netz von geheimen Unterwassermikrofonen werde er die Klimakatastrophe einfach kommen hören – während sich die Klimatologen über ihre Temperaturmessungen streiten und mit Supercomputern zu berechnen versuchen, ob die weltweite Erwärmung schon begonnen hat und wie drastisch sie ausfallen wird.

»Simple Physik«, erklärt Walter Munk. »Schall breitet sich in warmem Wasser schneller aus als in kaltem.« Und weil der Ozean das größte Messinstrument ist, das sich auf dem Planeten unterbringen lässt, hat Munk begonnen, zur Bestimmung der Fieberkurve der Erde den Pazifik zu beschallen.

Vor Kaliforniens Küste und Hawaii tönen Unterwasserlautsprecher, schwarze Metallpyramiden, in 900 Metern Tiefe. Mikrofone, vor Japan, Alaska und Hawaii mit gegen Haifischbisse geschützten, stahlummantelten Kabeln in der Tiefsee versenkt, sollen die Laute auffangen.

Eine Klangsendung über mehr als 5 000 Kilometer? Doch Munk ist zuversichtlich. Schließlich hat ihn ein Vorexperiment 1991 eindeutig bestätigt. Damals hatte er vor der Heard-Insel im Indischen Ozean Lautsprecherboxen aussetzen lassen. Bis an die Küste Kaliforniens und der Bermudas war der Radau zu hören.[3]

»In 1 000 Metern Wassertiefe trägt der Schall praktisch unbegrenzt weit«, sagt Munk; der Kriegsmarine sei das schon lange bekannt. Weil dort eine Schichtung warmer und kalter Wasserzonen existiere, die wie die Wände eines Hörrohrs die Schallwellen immer hin- und herwerfe, habe die amerikanische Navy stets gewusst, wo die sowjetischen U-Boote stehen.

Aus demselben Grund würden seine Signale genauso präzise, wie sie in Kalifornien abgesandt werden, in Hawaii eintreffen. Eine Atomuhr, die Munk dort auf den Meeresboden hinabgelassen hat, wird die Laufzeit der Schallwellen stoppen und damit die Wassertemperatur auf ein tausendstel Grad genau bestimmen. Als Naturschützer von Munks Projekten erfuhren, liefen sie Sturm gegen die Beschallung der Tiefsee. Der Lärm unter Wasser würde die Wale ertauben lassen. Tatsächlich orientieren sich die intelligenten Meeressäuger unter Wasser akustisch; Blauwale nutzen den Klangkanal in der Tiefe, um sich quer über die Weltmeere zu unterhalten.

Munk, der seine Instrumente längst bereithatte, musste pausieren und in ein ausführliches Forschungsprogramm über die Wale einwilligen. Vier Jahre lang nahmen Meeresbiologen mit Unterwassermikrofonen die Laute der schwimmenden Riesen auf, verfolgten auf diese Weise deren Reisen durch die Ozeane, lernten Finnwal und Buckelwal an ihrem Getöse auseinander zu halten – und stellten zu ihrer eigenen Verwunderung fest, dass die Tiere von der künstlichen Beschallung überhaupt nicht gestört wurden. Das Gegenteil ist der Fall. »Wir werden Mühe haben, die Wale zu übertönen«, berichtet Munk. »Die ganze Wassersäule ist von ihrem Geschrei erfüllt.«

Nun also darf er mit seinen Messungen beginnen. Neue Nachrichten vom Meeresgrund lassen Munks Riesenthermometer-Experimente dringlicher erscheinen als gedacht. Dort, in 800 Meter Tiefe nämlich haben die Geologen mittels der Roboter und Tiefbohrer einen überraschenden Fund gemacht: riesige Mengen tiefgefrorener Treibhausgase – eine Art Sprengsatz für das Erdklima, der schon bei der geringsten Erwärmung von Atmosphäre und Meer explodieren könnte.

Wie gefrorenes Wasser sah die weiße Substanz aus, die ein Tauchroboter des Kieler Forschungsschiffs »Sonne« vom Boden des Pazifiks emporgeholt hatte. Doch eine Streichholzprobe, bei der die vermeintlichen Eiskristalle blau auflodern, offenbarte ihre wahre Natur: Die Masse besteht aus hoch energiereichem Methan.

117

Der Druck und die Kälte des Ozeans haben dieses Treibhausgas zu einer exotischen Erscheinungsform zusammengepresst: In den weißen Kristallen vermengen sich Methan und Wasser, Gas und Flüssigkeit, zu einem festen Gashydrat.

Inzwischen geben die Experten ihre Schätzungen für die Methanmengen, die auf dem Grund der Weltozeane und tief darunter lagern sollen, in Gigatonnen an. 10 000 Milliarden Tonnen Brennstoff befänden sich dort in der Tiefe, lautet die neueste Schätzung – ein Kohlenstofflager, ungefähr doppelt so groß wie alle bekannten fossilen Öl-, Kohle- und Gasvorräte zusammen. Schon überlegen US-Geologen, wie man diesen Schatz ans Licht holen könnte. Japanische Forscher haben bereits Gashydratfelder ausgewählt, die sich zur Erschließung eignen sollen. Wenn es gelänge, die Hydrate zu vertretbaren Kosten zu schürfen, so argumentieren sie, wären die Energiereserven vorerst wieder aufgefüllt: Schon ein einziges Gashydratlager vor der Küste South Carolinas würde die Erdgasversorgung der USA für die nächsten 100 Jahre sichern.

Doch die tiefgefrorenen Methanblasen könnten sich ebenso gut als der einzige wirkliche Schrecken erweisen, den die Tiefsee bereithält. Dass Methan beim künftigen Abbau der Vorräte entweichen könnte, ist dabei noch das kleinere Risiko – viel mehr fürchten Experten, dass die gigantischen Lager abschmelzen könnten, wenn die Temperatur der Weltmeere steigt.

Schon eine leichte Ozeanerwärmung würde möglicherweise einen fatalen Kreislauf in Gang setzen: Methan, das dann aus der Tiefe emporperlt, sammelt sich in der Atmosphäre und trägt dort zur weiteren Erwärmung des Planeten bei. Weil die Treibhauswirkung von Methan zehnmal stärker ist als die von Kohlendioxid, könnte das Gas aus dem Ozean die Erde binnen kurzem in eine Gluthölle verwandeln.

Wird die Tiefsee eine zukünftige Energiequelle sein – oder der Ursprung der Apokalypse? »Wir müssen lernen, die Meerestiefen zu nutzen«, sagt der amerikanische Ozeanograph David Gallo – und seine Forderung ist umso erstaunlicher, als die Meeresforscher selbst die Gewässer unterhalb von 200 Metern Tiefe, die

»bathyalen« und »hadalen« Bereiche, jahrhundertelang als kaum belebte Wüsten ansahen.

Daran änderte auch Sir John Ross nichts, der schon 1818 zum allgemeinen Erstaunen einen lebenden Seestern vom Grund des arktischen Eismeers emporzog, und genauso wenig William Beebe, der Anfang der dreißiger Jahre in einem kanonenkugelartigen Gefährt in die Tiefe fuhr. »Lauter Schlamm« war die Tiefsee auch für Jacques Piccard, die er 1960 mit seiner historischen Tauchreise in den Marianengraben erkundet hatte, und das, obwohl er dort einen Plattfisch gefunden haben will.

In Wirklichkeit hatte Piccard damit nichts über die Ozeane gesagt – er hatte nur sein Gefühl der Fremdheit offenbart, die ihn hinderte, die verborgene Wirklichkeit zu sehen. Das Landwesen Mensch und sein verlängertes Wahrnehmungsorgan, die Wissenschaft, waren blind für die Meerestiefen; wie blind, das zeigte der US-Zoologe Bruce Robison vor wenigen Jahren in einem dramatischen Experiment.

Robison ließ seine Doktoranden ausschwärmen und die Tiefengewässer vor Kalifornien nach der üblichen Methode mit Schleppnetzen nach Leben durchforsten. Er selbst begab sich hinunter in die Tiefe – im »Deep Rover«, einer Art Unterwasser-Einmannhubschrauber, einer Kreation des U-Boot-Erfinders Graham Hawkes.

Als Robison von seinen Tiefseeausflügen zurückkehrte und seine Beobachtungen mit dem Inhalt der Netze verglich, stellte er fest: »Es war, als hätten wir ganz verschiedene Lebensräume untersucht.« Robison hatte zwar manche Fische übersehen, denn selbst mit den stärksten Lampen reicht die Sicht in der Tiefe höchstens ein Dutzend Meter weit. Den Studenten aber war der Großteil jenes Lebens entgangen, das am besten an die Tiefe angepasst ist und den Menschen am fremdartigsten, fantastischsten erscheint.

In ihren Netzen fehlten jene Kreaturen, die selbst Biologen an Fabelwesen denken lassen: Schnepfenaale, meterlange Fische mit Vogelkopf, die Robison erblickte; der Tintenfisch Vampyroteuthis, ein mit Leuchtorganen übersäter Fleischkoloss, und die Oktopusse, deren hoch entwickelte Gehirne manche Forscher für eine einzigartige Manifestation von Intelligenz halten.

Die Netzfischer hatten auch nichts von den zarten Gallertwesen erfahren, welche, gebaut für eine Welt ohne Grenzen, bei der bloßen Berührung mit einem Netz zerfallen: die Quallen, welche dort annähernd die halbe tierische Biomasse ausmachen. Zu ihnen zählt Apolemia, die größte bekannte Tierlebensform des Planeten. Robison ist der Kreatur auf einer einsamen Tour mit Deep Rover als erster Mensch begegnet.

Heute untersucht der Forscher derlei Rätselwesen per Roboter. Die Maschine, die nach dem Leben in der Tiefe fahndet, hängt an einem Glasfaserkabel, das sie, einer Nabelschnur gleich, mit dem Mutterschiff verbindet. Von dort aus steuert Robison die fünf Videokameras, die Greifarme und das automatische Biologielabor. »Ventana« (spanisch für Fenster) heißt der Apparat, der einem stählernen Insekt ähnelt und etwa so groß ist wie ein Lieferwagen.

Ein Dutzend Monitore im Steuerraum unter Deck des Mutterschiffes zeigen die Bilder aus der Tiefe, dem Bathyal: die Quallen im fahlblauen Licht, das auf Ventanas Sinkflug immer dunkler wird, den Bakterienschnee, manchmal im Hintergrund leuchtende Fische. Über Mikrofon und Kopfhörer kommandiert Robison die beiden neben ihm sitzenden Piloten, die mit Stereobrillen und übergestreiften Datenärmeln den Roboter steuern.

Tiefe: 736 Meter. Ventana ist in eine der lebensfeindlichsten Zonen des Ozeans vorgedrungen. Kein Lichtstrahl dringt mehr hier herunter; vor allem aber ist kaum Sauerstoff gelöst in diesen Wasserschichten, die fast alle Tiefseebewohner so schnell wie möglich zu durchqueren trachten. Hier treibt die Qualle Apolemia wie ein gewaltiges Spinnennetz.

Langsam nähert sich Ventana diesem Wesen. Immer deutlicher zeichnen sich auf den Monitoren Millionen Tentakel im Scheinwerferlicht ab, mit denen sich Apolemia ihre Beute heranzieht. Jeder Fangarm endet an einem Schlund, jeder Schlund mündet in einen tulpenförmigen Magen – über seine 40 Meter Länge hinweg ist das Geschöpf eine Kette von ungezählten Verdauungsorganen, die gierig im Wasserstrom pulsen.

Die Forscher wissen fast nichts über das Tier. Noch immer streiten sich die Biologen, ob Apolemia als ein Individuum anzusehen sei oder als eine Art Superorganismus, eine Verschmelzung Tausender Wesen. Und was zersetzen die Tulpenschlünde, wen verschlingt Apolemia?

Die Antwort ist vage. Aber das ist bei Fragen dieser Art nicht weiter ungewöhnlich: Fast gar nichts ist darüber bekannt, wer wen frisst in der Tiefe. Dieses Rätsel, mahnt Robison, müsse die Menschheit lösen, wenn sie künftig die Meere dauerhaft nutzen und nicht einfach leer fischen will. Denn in der praktisch unbegrenzten Ozeanwelt scheinen die Nahrungsketten noch enger verwoben als auf dem Land – schon das Schwinden oder Überhandnehmen einer einzigen Art kann unabsehbare Folgen haben.

Zudem hat die Ausbeutung der unterseeischen Tiefenfauna durch den Menschen längst begonnen. Seit dem Zweiten Weltkrieg ist der Fischfang weltweit um mehr als das Fünffache gestiegen; die Schwärme der traditionellen Speisefische, die sich so langsam fortpflanzen wie eh und je, können die Nachfrage längst nicht mehr decken. In der Nordsee gehen die Heringsbestände zurück, aus der Ostsee ist der Lachs beinahe verschwunden und in den Gewässern vor Neufundland, die einst zu den ergiebigsten Fischgründen überhaupt gehörten, ist der Kabeljaufang praktisch nicht mehr möglich. Hochseetrawler hatten den Kabeljau fast bis auf das letzte Exemplar weggefischt, an den Küsten sind heute ganze Landstriche arbeitslos.

Um diese Fangrückgänge zumindest teilweise auszugleichen, ziehen seit einigen Jahren Spezialschiffe aus fast eineinhalb Kilometer Tiefe etwa den Orange Roughy empor, einen armlangen Schleimkopffisch, der 150 Jahre alt werden soll. Noch auf hoher See wird das blutorangenfarbene Tier für Supermarktregale zubereitet.

Der Mensch ist selbst ein blinder Räuber der Tiefsee geworden, denn er wildert, ohne zu wissen, was er tut. Mit neuartigen Schleppnetzen, so klagen Meeresbiologen, räumen die Trawler alles ab, was in der See krabbelt und schwimmt; zerstören ganze Lebensräume, von denen nichts zurückbleibt als Wasserwüste. Um ein Kilo essbaren Fisch zu fangen, holen die Tiefseefischer bis zu zehn Kilo anderes Getier aus dem Ozean: Quallen, Seesterne, Krabben, ungenießbare Fische, die anschließend als Fischmehl in den Fresströgen der Viehställe enden. So reduziert der Homo sapiens alles Meeresgetier, das er weder kochen noch braten kann, auf seinen kleinsten gemeinsamen Nenner – Eiweiß.

Ausgerottet werden damit Geschöpfe, die der Mensch noch nicht einmal kennt. Selbst wenn man die viel besser erforschten oberen Wasserschichten mit einschließt, ist höchstens ein Dreißigstel aller Arten, die in den Meeren leben, beschrieben, schätzen Biologen. Für »überaus wahrscheinlich« hält es der Biologe Robison, dass in entlegenen Gründen unbekannte »riesige Lebensformen« existieren: in der Sprache der Zoologen »Monster«.

Zu den Tiefseebewohnern, auf die es bisher allenfalls Hinweise gibt, gehört der Riesentintenfisch Architeuthis. Angeschwemmte Kadaverteile lassen auf einen Körper mit gigantischen Fangarmen, so groß wie ein Hochhaus, und auf Augen mit dem Durchmesser von Radkappen schließen: Es muss sich um eine Kreatur handeln, neben der sich selbst die unglaublichsten Fabelwesen aus den Seemansgeschichten der Vergangenheit langweilig ausnehmen. Mühelos würde Architeuthis der Scylla aus Homers Odyssee die Schau stehlen, jenem Untier, dessen zwölf Fangarme nicht weniger als sechs Schlünde bedient und ihnen Delphine, Haie sowie die Matrosen vorbeiziehender Schiffe dargereicht haben sollen.

Ihre wohl schaurigsten Auftritte hatten Kraken in zwei Romanen des 19. Jahrhunderts. Verzweifelt wehrt sich der Held von Victor Hugos ›Les travailleurs de la mer‹ gegen eine Bestie, deren krallenbesetzte Saugnäpfe langsam in seinen Körper eindringen und ihn allmählich zersetzen. In Jules Vernes Roman ›Zwanzigtausend Meilen unter dem Meer‹ verschlingt ein Acht-Meter-Ungetüm die Seeleute des wackeren Kapitäns Nemo. Aber selbst dieser Fantasie-Oktopus wird von der Realität, wie die heutige Forschung sie dokumentiert, weit übertroffen: Mindestens zweieinhalbmal so groß wie das Jules-Verne-Geschöpf ist der tatsächlich existierende Architeuthis.

Den ersten Hinweis darauf, dass es dieses Tier wirklich gibt, lieferte eine Furcht erregende Begegnung dreier Heringsfischer vor der Küste Neufundlands. War es ein Wrackteil, das da vor ihrem kleinen Boot aus dem Atlantik ragte, war es ein verwesender Fisch oder eine riesige Qualle? Mit dem Bootshaken stach einer der Fischer in die Gallertmasse, um sie an Bord zu hieven. Plötzlich schoss ein Fangarm aus dem Wasser. Der armdicke Tentakel legte sich um das Boot und begann, es langsam in die Tiefe zu ziehen. Der zwölfjährige Schiffsjunge rettete der Besatzung das Leben, indem er geistesgegenwärtig eine Axt ergriff und den Fangarm abhieb.[4]

Das Organ, sechs Meter lang und mit Hunderten von münzgroßen Saugnäpfen besetzt, lieferten die Heringsfischer noch am selben Tag, es war der 17. Oktober 1873, beim Pfarrer in der Provinzhauptstadt St. John's ab. Der schickte es zur Untersuchung an die Yale University in Connecticut. Dort identifizierte ein Zoologieprofessor den Fund als Teil eines unbekannten Riesenkraken und beschrieb ihn im ›American Journal of Science‹. Zum ersten Mal lag damit ein überprüfbares Indiz dafür vor, dass gewaltige, unentdeckte Meerestiere doch mehr sein könnten als bloße Ausgeburten von Angst und Fantasie.

Fast 30 Zentimeter Durchmesser hatten die Augen eines toten Exemplars, das 1880 in der neuseeländischen Island Bay angetrieben wurde. Ein Hauptherz und zwei Nebenherzen pumpen Architeuthis Blut in die zwölf Meter langen Fangarme. Mit den zahnbewehrten Saugnäpfen seiner Tentakel packt das Tier seine Beute und reißt sie mit dem mächtigen Kiefer in Stücke. Werden die Tintenfische selbst angegriffen, wechseln sie innerhalb einer Tausendstelsekunde die Hautfarbe. Schrillbunte Streifen sollen den Gegner verwirren – und die Geschlechtspartner faszinieren, bevor bei der Paarung das Männchen dem Weibchen mit den Fangarmen seine Samenpakete reicht. Dies schließen Meeresbiologen aus Untersuchungen an dem Architeuthis verwandten, aber kleineren Arten.

Noch niemand hat ein lebendes, vollständiges Architeuthis-Exemplar gesehen und so sind die Biologen noch immer auf Strandfunde angeschwemmter Kadaverteile angewiesen. Den Treibnetzen der Forscher entwischt der schnelle Tintenfisch; auch Roboterexpeditionen zu Architeuthis' vermuteten Jagdgründen vor Neuseeland endeten in den vergangenen Jahren ergebnislos.

Aber so spektakulär diese Phantome der Tiefe auch sein mögen – manche Experten halten die Existenz fußballfeldgroßer Kraken für möglich –, sie machen dennoch nur einen winzigen Teil des Artenreichtums der Ozeane aus. Denn der Wert des Lebens im Meer ist vor allem seine Vielfalt. Unterwasserlebensräume wie Korallenriffe und der Grund arktischer Gewässer sind so artenreich, dass, verglichen mit ihnen, alles Land außer manchen Flecken im Regenwald wie öde Wüste erscheint.

Es sind Wesen wie aus einem Märchenland, die die Natur unter Wasser hervorgebracht hat. Das Manteltier Bathochordaeus zum Beispiel, fast eine Traumgestalt, ist ein durchsichtiges Geschöpf aus Gallert. In nur 200 Metern Wassertiefe flattert Bathochordaeus mit seinen Schmetterlingsflügeln, filtert damit das Wasser und errichtet sich Häuser aus Schleim.

Bizarrer noch als die Physiognomie der Meeresgeschöpfe ist ihre Chemie. Kaum einer hat die Proteine, Lipide und Gifte der Ozeananwesen so eingehend analysiert wie der Kalifornier Bill Fenical. Er nennt sich »mariner Chemiker«, durchstreift jedes Jahr wochenlang mit dem Atemgerät die Meere und sammelt Fische, Korallen und Quallen auf der Suche nach neuen Substanzen.

Dabei machte er eine überraschende Entdeckung: Die Chemie des Lebens im Ozean erinnert, selbst unmittelbar unter der Wasseroberfläche, viel weniger an die Moleküle des Festlands als gedacht. »Meeresorganismen funktionieren ganz anders als wir«, sagt Fenical. »Und darin liegt eine Chance.«

Drogen aus den Ozeanen könnten Krankheiten wie Krebs und Aids heilen. Woher sonst können wir neue Wirkstoffe bekommen, fragt sich Fenical. Die Pharmakologen hätten bei ihrer intensiven Suche auf den Kontinenten meist doch immer wieder nur längst bekannte Substanzen gefunden. Auch die Arzneimittelsynthese in den Labors gelange an ihre Grenzen. Die Meere hingegen liefern neue Substanzen in Hülle und Fülle.

Es mag Scheu vor dem Fremden gewesen sein, die den Biologen und Pharmazeuten diese Erkenntnis lange verstellte. Denn an der Küstenlinie verläuft eine genetische Scheidewand: Während die Kreaturen an Land und die Geschöpfe im Meer über die Jahrmillionen ihr Erbgut untereinander vermischten, konnten kaum Gene die Grenze zwischen den beiden Lebensräumen überqueren – Land- und Seewesen entwickelten sich, auch biochemisch, auseinander.

Selbst so nahe Verwandte im Evolutionsstammbaum wie Spatzen und Pinguine, beides Vögel, haben einen Stoffwechsel, wie Fenical herausfand, mit unterschiedlichen Substanzen.

Für die Bewohner der Ozeane erfand die Evolution zudem ein ganzes Arsenal chemischer Waffen. Denn in den Wasserwelten ohne Versteck, wo jeder ein Räuber ist und wo schon ein kaum wahrgenommener Schatten den Tod bedeuten kann, ist Gift für die Quallen, Seegurken und Schwämme die einzige Überlebenschance.

Kegelschnecken, in den philippinischen Meeren heimische Meister des chemischen Kriegs unter Wasser, feuern aus ihren Rüsseln sogar gezielte Giftpfeile in ihr Gegenüber. Binnen einer Sekunde werden die Opfer von Krämpfen geschüttelt, dann erstarren sie und sterben.

Die Tiere nutzen Substanzen, die präzise die Nerven des Gegners angreifen und laut Fenical so ausgefeilt sind, dass kein Chemiker sie erfinden könnte. Für die Menschheit sind die Toxine des Ozeans mögliche Heilsbringer: Nach dem Vorbild des tödlichen Gifts aus den Drüsen der Kegelschnecke entwickelt die US-Pharmafirma Neurex ein Schmerzmittel, tausendmal stärker als Morphium, aber ohne Suchtwirkung. In karibischen Rindenkorallen fand Fenical ein ganzes Arsenal von Entzündungshemmern; beide Medikamente durchlaufen derzeit die klinischen Tests. Korallen von den Bahamas liefern ein hoch potentes Krebsmittel.

Die Anfangserfolge, meint Fenical, lassen hoffen auf Elixiere von noch stärkerer Kraft. Die Zukunft der Medizin liege im Meer, glaubt der Chemiker. Errungenschaften von der Größenordnung des Penicillins können seiner Meinung nach zukünftig aus dem

Meer stammen, weil die Forscher sich jetzt mit neuen Tauchbooten, wie sie Erfinder Hawkes zusammenbaut, zum erstenmal frei unter Wasser bewegen und den Genpool der Ozeane systematisch durchforsten können. Dort, so Fenical, lägen Moleküle jenseits aller Vorstellungskraft bereit – ein Schatz, der darauf warte, gehoben zu werden.

Zu welchen fast zauberisch anmutenden Stoffumwandlungen und Hervorbringungen das Leben im Wasser im Stande ist, zeigte eine Entdeckung, die manche Zoologen bis heute als die größte des Jahrhunderts feiern: 1977 meldeten die Piloten des US-Tauchboots Alvin vom Pazifikgrund, sie seien an heißen Quellen zweieinhalb Kilometer tief im Meer auf Geschöpfe gestoßen, die alle Vorstellungen von irdischem Leben revolutionierten.

In völliger Dunkelheit, unter hohem Druck, wimmelt es dort von Tieren im heißen, schwefelgiftigen Wasser. Blinde Krebse und melonengroße Muscheln drängen sich um schwarze Raucher genannte Schlote, Fische stehen in den toxischen Rauchsäulen. Schwärme von Garnelen wirbeln auf; meterlange Röhrenwürmer, die bei Berührung zusammenzucken, überwuchern die benachbarte Lava.

Fremdartige Bakterien sind die Grundlage dieser Oasen im Gift. Sie verwandeln Kohlendioxid mittels vulkanischen Schwefelwasserstoffs in Biomasse und bilden so das erste Glied der so genannten dunklen Nahrungskette in den Ozeanen – einer Gegenwelt, die sich statt vom Sonnenlicht aus dem Erdinneren speist.[5]

Britische Tauchpiloten, die in ein ähnliches Gebiet im Mittelatlantik vorgedrungen waren, berichteten von einem riesigen Tafelberg auf dem Meeresgrund, der von Kaminen gekrönt sei. Spätere Tiefbohrungen ergaben, dass dort, an der vulkanischen Trennlinie von Europa und Amerika, das Wasser ins Innere des Planeten fließt. Durch ein System von Rissen ergießt sich ein Strom, zusammengenommen so mächtig wie der Amazonas, mindestens zwei Kilometer tief in die Erdkruste.

Dort wird an glühenden Magmakammern das Wasser mit Mineralien beladen und durch die Hitze zurück nach oben getrieben. Die schwarzen Raucher spucken es 350 Grad heiß wieder aus. An diesen Schloten blühen Mikroorganismen, so genannte Extremophile, die nicht nur den toxischen Schwefel, sondern auch Temperaturen jenseits des Siedepunkts ertragen.

Statt Sauerstoff aus dem Meerwasser zu atmen, zersetzen die meisten dieser Gasfresser Schwefel und andere Mineralien; dabei nutzen sie chemische Reaktionen, die sie mit Energie versorgen und sie vom Sonnenlicht unabhängig machen. In einem Lebensraum, der von der Außenwelt völlig unabhängig ist, haben diese eigentümlichen Geschöpfe, von der Evolution kaum beeinflusst, Jahrmilliarden der Erdgeschichte überlebt. In genau dieser Umgebung sei das Leben entstanden, spekuliert der Münchner Chemiker Günter Wächtershäuser, wie im Kapitel ›Auftakt zum großen Tanz‹ berichtet. Viele andere Forscher dagegen vermuten, dass die schwarzen Raucher eine Arche Noah am Meeresgrund gewesen sein könnten. Während an der Oberfläche der Erde Katastrophen wie Meteoriteneinschläge, Eiszeiten oder dramatische Veränderungen des Meeresspiegels immer wieder Leben vernichteten und die Natur zu neuen Evolutionsschüben zwangen, veränderte sich die mikrobische Welt an den heißen Quellen am Ozeangrund kaum. Beide Thesen werden durch Genanalysen gestützt, denen zufolge viele der Organismen im Schwefel zu den ältesten Geschöpfen überhaupt gehören und mit allen übrigen irdischen Wesen kaum verwandt sind.

Wie aber können höhere Tiere, die Muscheln und Würmer zum Beispiel, in dieser toxischen Umgebung gedeihen? Schwefelbakterien hausen in ihren Körperzellen und entgiften die Tiere von innen heraus – das war die faszinierende Erklärung des aus Göttingen stammenden, inzwischen verstorbenen Mikrobiologen Holger Jannasch, der an der Woods Hole Oceanographic Institution, dem weltweit berühmtesten Institut der Ozeanforscher, forschte. Ihn, den Pionier der hydrothermalen Quellen, preisen Kollegen heute als Propheten einer neuen Biologie: »Jannasch«, meint auch der US-Forscher Gagosian, »hat uns ungeahnte Imperien des Lebens eröffnet.«

Einerseits haben Jannaschs ozeanische Dunkelwesen längst das Festland erobert – sie sind als Arbeitstiere in die Reaktoren der chemischen Industrie eingezogen. Denn die Extremophilen laufen bei Temperaturen, die anderes Leben vernichten, erst zur Höchstform auf. So produzieren diese Kleinstlebewesen, gentechnisch verändert, in den industriellen Heißkesseln Fleckenlöser, die Waschmitteln beigemischt werden, und Erbgut-Kopier-Enzyme, die bei Gentests Mörder und Sexualverbrecher überführen.

Anderseits rücken die Geschöpfe der dunklen Nahrungskette, die Jannasch in druckdichten Titanflaschen herauf in die Menschenwelt holte, Räume ins Blickfeld der Biologen, in denen Leben vordem kaum denkbar schien.

Manchem Forscher mag der Atem gestockt haben, als der Tauchroboter des Kieler Forschungsschiffs »Sonne« Mitte der neunziger Jahre neue spektakuläre Bilder aus der Tiefe des Pazifiks sendete. Dieser Maschine, die zuvor die riesigen Methanlager auf dem Ozeangrund aufgespürt hatte, war auf dem Grund des Aleutengrabens die Entdeckung eines Winter-Wunderlands aus Röhrenwürmern und Riesenmuscheln gelungen, das dort bei vier Grad Celsius um blubbernde Methanquellen herum entstanden war.

In den Zellen der Tiere fanden sich Schwefelbakterien, Verwandte von Jannaschs Mikroben: Der Roboter hatte eine eisige Version des vulkanischen Lebens entdeckt und damit gezeigt, dass noch nicht einmal Wärme vonnöten ist, damit das dunkle Leben aufblühen kann.

Sogar tief unter dem Ozeanboden haben britische Biologen inzwischen solch verlorene Welten aufgetan. Aus 1 500 Metern unter dem Meeresspiegel und 600 Metern unter dem Meeresgrund förderten sie unzählige stäbchenförmige Mikroorganismen zutage. Weiter reichte der Bohrer des Forschungsschiffs nicht.

Offenbar sind diese Entdeckungen nur der Beginn der Erkundung maritimen Lebens. Doch was die Wissenschaftler dabei entdeckten, ist spektakulär genug: Praktisch jede Umgebung, mag sie noch so unwirtlich sein, ist geeignet, Leben zu beheimaten – selbst wenn sie aus nichts als giftigen Gasen besteht.

Einsiedler im giftigen Verlies

Lebensräume, die an ferne Planeten erinnern, liegen in der Tiefsee unter eineinhalb Meilen Wassersäule und mehr; nahe der rumänischen Kleinstadt Mangalia dagegen sind derart fremde Welten gleich unter den Maisfeldern zu finden. Nur dreißig Meter tief im Boden erstreckt sich hier die Pestera Movile, die Höhle unter den Hügeln – ein Labyrinth wie außerhalb der irdischen Zeit, jahrmillionenlang von der Außenwelt abgeschnitten.

So konnte sich in den Gängen der Pestera Movile ein einzigartiger Kosmos entfalten: eine Dunkelwelt aus fingerdicken Bakterienmatten, blinden Riesenegeln und Fleisch fressenden Wasserskorpionen, genährt nur von schwefeligen Gasen aus dem Erdinneren. Entfernt erinnert das Leben hier an die schwarzen Raucher am Ozeangrund und ist doch völlig eigen.

Seit ein paar Jahren erst gewährt eine Luftschleuse Einlass in ein kuppelförmiges Gewölbe, an dessen Wänden die ersten Anzeichen einer unterirdischen Biosphäre glitzern: Kristalle aus Gips und gelb schimmerndem Apatit, Ablagerungen von Schwefel- und Phosphorverbindungen, die manche Höhlenorganismen ausscheiden.

Die Gebeine von Seehunden, versteinert in der Decke, lassen an den Ursprung jener geologischen Formation denken, in der die Höhle vor zwölf Millionen Jahren entstanden sein muss: Aus dem Bodensatz eines vorzeitlichen Meeres hat das Wasser labyrinthische Fluchten von Gängen und Räumen herausgefressen, die sich über Hunderte von Quadratkilometern erstrecken. Fünf Abzweigungen hat allein der Kuppelraum: Korridore, die stumpf enden, andere, die im Kreis wieder zurück in die Kuppel führen.

Eine Empore gibt den Blick frei auf ein tiefer liegendes Gewölbe, in dem Wasser milchig die Strahlen der Taschenlampen spiegelt: In dieser Halle gehen die trockenen Korridore über in eine amphibische Welt von Grottenseen und verborgenen Flussläufen. Dort hat der rumänische Biologe Serban Sarbu ein unterirdisches Labor aufgebaut. Reagenzgläser und Flaschen mit radioaktiven Testsubstanzen lehnen an den Kalksteinwänden, die vom Niederschlag der Schwefelsäure so aufgeweicht sind, dass man mit dem Finger mühelos hineinbohren kann. Pressluftflaschen liegen bereit, um später vorzudringen in die entferntesten Teile des Höhlensystems, wo das Leben in einer für Menschen tödlichen Atmosphäre am intensivsten blüht.

Mit Bewegungen wie in Zeitlupe bereiten Sarbu und seine Kollegen aus Bukarest und Hamburg, die mit ihm die Geheimnisse der Höhle ergründen wollen, Experimente vor. Sie kämpfen gegen die Müdigkeit – die Atemgifte der Höhlenluft haben sich über die Blutbahn ausgebreitet. Ein schweigsamer Rumäne, der sich zu einer Pause niedergelassen hat, liegt nach fünf Minuten auf dem butterweichen Felsboden und schnarcht.

Nur spärlich kann Sauerstoff durch feine Gesteinsrisse in die Höhle einsickern. Kohlendioxid, hier zehnmal so konzentriert wie in der Lufthülle der Erde, lähmt die Atmung. Schwefelwasserstoff, der aus dem See aufsteigt, wirkt auf den menschlichen Stoffwechsel giftig wie Zyankali.

Doch am Ufer des Höhlensees tobt das Leben. Durchsichtige Krebse und blinde schwarze Spinnen jagen am Wasserrand. Tausendfüßer, handtellergroß, tasten mit immensen Antennen nach ihrer Beute und erlegen sie mit Giftklauen. Schleimige Egel, die 25 Zentimeter lang werden können, saugen Würmer in sich hinein wie Spaghetti. Im See lauern Wasserskorpione, die über ein Röhrchen am Hinterteil die schweflige Höhlenluft schnorcheln.

Die Höhlenbewohner sind vor Jahrmillionen in diese lautlose Welt eingedrungen. Seither konnte kein Lebewesen, kein Lichtstrahl aus der Oberwelt die Kalksteinschichten durchdringen. Wovon leben die bizarren Einsiedler?

Dass der unterirdische Kosmos völlig isoliert war, schließt

Sarbu aus Zellproben, die er erlegten Höhlentieren entnommen hat – die Atomgewichte von darin enthaltenem Stickstoff und Kohlenstoff verteilen sich völlig anders als in sämtlichen Lebewesen der Erdoberfläche.[1]

Inzwischen haben Labors in Rumänien, Westeuropa und Amerika Hunderte seiner Proben ausgewertet. Trotzdem ist bisher allenfalls ein kleiner Teil der biologischen Geheimnisse dieser unterirdischen Welt gelüftet, die zufällig, allein durch die Launen eines Despoten, zunächst entdeckt und dann wieder vergessen worden war.

Als Nicolaie Ceauşescu 1986 die Schwarzmeerküste seines Landes im Hubschrauber überflog, hatte er über den Hügeln von Mangalia nach unten gedeutet und befohlen, hier ein riesiges Kraftwerk zu errichten. Christian Lascu hieß der Geologe, der den Untergrund prüfen sollte und der ein Freund Sarbus war. Er ließ die Dorfbauern einen Schacht in den Kalkstein meißeln. Dabei stieß er auf den Gang zur Movile-Höhle.

Das Kraftwerkprojekt wurde wegen des löchrigen Bodens abgeblasen und – ein Ceauşescu irrt sich nicht – totgeschwiegen. Lascu aber erklärte schon damals in einem Radiointerview, die Höhle enthalte einen »wissenschaftlichen Schatz«. Die Dorfbewohner, gierig nach gerechtem Lohn für ihre Mühen, überhörten das Adjektiv. Als sie jedoch in der Grotte nichts fanden außer Egeln und Spinnen, verschütteten sie in ihrer Wut den Eingang mit Steinen. Die Höhle geriet in Vergessenheit.

Nur noch die beiden Entdecker erinnerten sich daran. Sarbu hatte sich mittlerweile in den Westen abgesetzt, wo er sich auf New Yorker Baustellen als Anstreicher durchschlug. Dann aber machte ihn ein US-Professor, der von dem unglaublichen Fund erfahren hatte, ausfindig und verschaffte dem ehemaligen Biologielehrer eine Stelle an seinem Institut.

1990, unmittelbar nach Ceauşescus Erschießung, kehrte Sarbu zurück nach Rumänien. Er legte den Höhleneingang wieder frei und baute sich in der Nähe ein Haus mit Labor, wo er seither, mit finanzieller Unterstützung aus den USA, lebt und zu ergründen versucht, wie das seltsame Leben in der Grotte funktioniert.

Ein Riss in der Erdkruste hat die Voraussetzung geschaffen für das einzigartige Ökosystem. Durch ihn kann aus 400 Metern Tiefe warmes Wasser nach oben in die Höhlen dringen, in dem Schwefelwasserstoff und Methan sprudeln – die beiden Gase, auf denen das Leben von Movile beruht. Ein unterirdischer Flusslauf durchströmt die Grotte. In dem See, den Schwefelverbindungen milchig trüben, staut er sich. Doch der Nährstoff für die Unterwelttiere entsteht ein paar Dutzend Meter stromabwärts: in Gasblasen über dem Fluss.

Durch feine Spalten im Gestein können Spinnen und Asseln in diesen Lebensraum wandern; Sarbu freilich muss tauchen. Schwefel wirbelt auf, als er in den See steigt und mit langsamen Flossenschlägen in einer engen Felsröhre verschwindet. Hinter sich her zieht er einen Faden, um in dem Unterwasserlabyrinth rechtzeitig den Rückweg zu finden. Denn in den Felskammern über dem Strom ist die Atmosphäre so giftig, dass der Forscher ohne Atemluft aus der Gasflasche sofort ersticken würde.

Das Leben blüht hier in einer Reichhaltigkeit wie nirgends sonst in dem Höhlensystem. Beim Auftauchen durchstößt Sarbu die gut einen Zentimeter dicke Schleimschicht aus Bakterien, Pilzen und Würmern. Diese weiße Masse, energiereich wie Traubenzucker und an ihrer Oberfläche sauer wie Essig, ist das Kraftfutter für die Kreaturen in der dunklen Gegenwelt von Movile.

Während an der Erdoberfläche Algen und Pflanzen mit der Energie des Sonnenlichts die Biomasse aufbauen, auf der alles Leben beruht, nutzen die Mikroorganismen der rumänischen Höhle die chemische Energie, die bei Schwefelwasserstoff-Umwandlungen frei wird. Statt Luft zu atmen, zersetzen die meisten Gasfresser Schwefel und andere Mineralien; dabei nutzen sie chemische Reaktionen, die sie mit Energie versorgen und sie vom Sonnenlicht unabhängig machen: Völlig ohne Sauerstoff gedeihen und vermehren sich die Mikroben nach einem Prinzip, das Biologen erstmals im Jahr 1977 beobachtet hatten, als sie mit dem Tauchboot Alvin zu den Schwefelquellen tief in den Ozeanen vorgestoßen waren.

Inzwischen aber hat sich herausgestellt, dass sich das Leben ohne Sonnenlicht keineswegs auf ein paar seltene ökologische Nischen am Meeresgrund beschränkt – die Höhle von Movile zeigt anschaulich, welche Vielfalt an Lebensformen auch in einem terrestrischen System abseits der Nährstoffströme der Oberfläche existieren kann. Auch ist diese Grotte ein Beweis dafür, dass für das Leben in der Unterwelt eigene, bislang großenteils unbekannte Gesetze gelten.

Dabei ist der Höhlenverbund an der rumänischen Schwarzmeerküste noch nicht einmal ein besonders extremes unterirdisches Habitat. Gemessen am Lebensraum eines erst vor kurzem entdeckten Erdenbewohners namens Thermotoga subterranea zum Beispiel sind die Bedingungen in den Grotten von Movile geradezu angenehm. Thermotoga nämlich nährt sich von Pech und Schwefel; 1 500 Meter unter den Weinhügeln der Champagne haben französische Forscher das Geschöpf aufgespürt. Dort war ein Bohrtrupp auf große Ölfelder gestoßen, in denen Thermotoga lebt wie die Made im Speck.

Ohne Luft, ohne Licht und von heißen Gasen durchzogen, gleichen diese Ölreservoirs einem Inferno, in dem Temperaturen nahe dem Siedepunkt herrschen. Von oben drückt das Erdreich mit einer Last von 160 Atmosphären. Seit sich das Öl vor Urzeiten gebildet hatte, war diese Ödnis von der Umgebung abgeschnitten – über weit längere Zeiträume noch als die Höhle von Movile.

In dem heißen Öl aber, das die Franzosen aus den Reservoirs unter der Champagne zapften, gibt es Leben. Unter dem Mikroskop sahen die Biologen eine Vielzahl stäbchen- oder kugelförmiger Körper – primitive Einzeller wie Thermotoga, die offenbar seit Jahrmillionen in der Tiefe ausgeharrt und sich dort vermehrt hatten. Solche Funde erhärten eine Vermutung, die sich in der Biologie zunehmend durchsetzt: Erdoberfläche und Meere sind nur ein kleiner Teil der belebten Welt, daneben gibt es im Erdinneren zahlreiche »versteckte Biosphären«.[2]

Denkbar schien dunkles Leben unter der Erdoberfläche – wie in der Höhle von Movile – und sogar in der heißen Erdkruste erst, nachdem extremophile Bakterien an immer exotischeren Umgebungen entdeckt worden waren: an Geysiren und in Ölfeldern;

inmitten der Lava aktiver Vulkanschlote und in kochenden Schwefelquellen in den Ozeanen.

Systematische Bohrungen nach Leben in den Tiefenschichten des Planeten, vorgenommen in den neunziger Jahren, förderten Mikroorganismen zutage, die perfekt an ihre Umwelt angepasst sind. Solche Welten entdeckten Mikrobiologen nicht nur unter den Ozeanen – überall, wo sie den Boden anbohrten, ob im Mittelmeer, vor Japan oder nahe der Amazonasmündung, förderten sie aus Sedimenten Mikroben zutage.[3]

Würde man allein alle Einzeller aufwiegen, die unter den Meeren hausen, würde man feststellen, dass sie mindestens zehn Prozent aller irdischen Biomasse ausmachen. Fast drei Kilometer tief bohrten US-Forscher in den Sandstein unter dem Bundesstaat Virginia. An die hundert verschiedene Mikrobenarten entnahmen sie dem Loch. Auch auf dessen 75 Grad heißem Grund fand sich noch reichhaltiges Leben.

Offenbar siedeln sich die Einzeller überall an, wo sie Nahrung finden. Oft zehren sie von längst vergangenem Leben: Die Sandsteinschichten in Virginia waren einst Meeresböden, auf denen sich Kadaver, Schlamm und Ton ansammelten. Im Lauf der Jahrmillionen wurden diese Ablagerungen von neuen Sedimenten überlagert und vom Sauerstoff abgeschlossen, erste Einzeller begannen, den Faulschlamm in Methan zu zersetzen.

Dadurch entstand das Erdgas, welches vermutlich das Lieblingsfutter der meisten heutigen Unterweltmikroben ist.[4] So sind diese das letzte Glied einer verborgenen Nahrungskette, die sich direkt zurückführen lässt auf Leben, das vor Hunderten Jahrmillionen vergangen ist. Denn da die Mikroben für ihren Stoffwechsel nicht nur Kohlenstoff, sondern auch Schwefel brauchen, konnten sie längst alle Öl- und Erdgasvorräte vertilgen: Die meisten sterben, sobald die verfügbaren Mineralvorkommen des Reservoirs vernichtet sind. Nur jene wenigen Exemplare überleben, denen es gelingt, im porösen Gestein zu neuen Mineraladern vorzudringen.

Allerdings können die Einzeller in der Tiefe mitunter auch ohne die chemischen Reste von Aas auskommen: Tiefe Schichten sind vermutlich überall von Methan durchzogen, das aus dem flüssigen Erdinneren empordringt; in vulkanischen Gebieten kann dieses Gas bis an die Erdoberfläche aufsteigen. Das ist auch in den Gegenden an der rumänischen Schwarzmeerküste der Fall.

Die Höhlen von Movile sind nach dem heutigen Wissensstand einzigartig, weil die gasfressenden Mikroben Nahrungsgrundlage für ein ganzes Ökosystem höher entwickelter Lebewesen sind. Dabei ist noch keineswegs klar, was die vielzelligen Organismen mit ihren Stoffwechselsystemen, die eigentlich für ein Leben mit Luft und Licht entwickelt sind, zu ihrer Unterweltexistenz befähigt: Wie vermögen beispielsweise die bakterienfressenden Würmer es in den schwefelvergifteten und luftdichten Schleimmatten auszuhalten? Können nicht nur Bakterien, sondern auch höhere Organismen dauerhaft auf eine sauerstofflose Lebensweise umschalten? »Möglicherweise«, sagt der Hamburger Biologe Olav Giere. »Aber wie sie es tun, wissen wir nicht.«

Sicher ist: Die Movile-Asseln, die zu Hunderttausenden die Bakterienmatten abweiden, und die schwarzen Spinnen, die langbeinig über die Schleimmatten laufen und Asseln jagen, haben gelernt, zumindest zeitweise mit einem Sauerstoffangebot fertig zu werden, das nicht einmal halb so groß ist wie auf der Erdoberfläche.

In zwei Evolutionsschritten, glaubt Sarbu, haben sich die Kreaturen an die Bedingungen der Grotte angepasst, die ihnen ursprünglich ein Refugium war. Bei einer Klimakatastrophe vor fünfeinhalb Millionen Jahren, als plötzlich Schneewinter das bis dahin tropische Schwarze Meer heimsuchten, hatten sich die Urahnen der heutigen Höhlenbewohner in die warmwasserbeheizte Grotte zurückgezogen. Weil der Eingang damals noch offen stand, war Sauerstoffmangel zunächst kein Problem – die Tiere mussten sich nur für das Leben in der ständigen Finsternis rüsten: Die Panzer der Asseln und die Häuser der Schnecken wurden durchsichtig, weil die Körper keinen Lichtschutz mehr brauchten; viele Tiere verloren ihren Sehsinn und bildeten überlange Antennen aus. Später erst schloss sich das unterirdische Verlies der Tiere, und in demselben Maße, wie die Giftgase sich anzustauen begannen, mussten die Höhlenbewohner ihren Stoffwechsel umstellen.

Als sich die Grotte nach der letzten Eiszeit, vor rund 8 000 Jahren, noch einmal kurz öffnete, weil der Wasserspiegel des Schwarzen Meeres gesunken war, hatte die Evolution in der unterirdischen Welt jedenfalls längst ihren eigenen Lauf genommen. Die allermeisten der Unterweltkreaturen hatten sich so stark verändert, dass sie unter gewöhnlichen Erdbedingungen nicht mehr leben könnten: Von den 48 Tierarten, die in den Gängen der Höhle gezählt wurden, gibt es, wie die Forscher feststellten, 33 ausschließlich dort.

Als Serban Sarbu diese Zahl veröffentlichte, schien es noch so, als ob die Movile-Höhle ein gegen die Umgebung abgeschlossenes System darstellte. Seither aber ist der Rumäne der Versuchung erlegen, auch noch in die Brunnen der Umgebung zu tauchen. Auf dem Grund der Schächte, aus denen die Bauern von Mangalia schwefliges Wasser auf ihre Maisfelder pumpen, traf Sarbu alte Bekannte: die blinden Spinnen, die durchsichtigen Tausendfüßer und die Schnorchelskorpione, kilometerweit von der Movile-Höhle entfernt.

»Wir haben nur einen winzigen Einblick gewonnen«, sagt der Höhlenforscher nun, da sich das Gegenreich der Asseln und Schwefelschnorchler weitet. »Offenbar ist der rissige Untergrund hier überall besiedelt.«

Lotterie im Garten Eden

Die Vögel waren in Schwärmen vom Himmel gefallen, so eng nebeneinander liegen ihre Leichen. Die Vulkanausbrüche hatten ganze Wälder, Flüsse und Seen begraben, eine kleine Welt in Asche gelegt. Doch nichts, was während dieser Katastrophe vor 123 Millionen Jahren verschwand, ging verloren. Selbst feinste Schnabelformen zeigt der verdichtete Staub. In den Fossilien von Dinosauriern zeichnen sich Lebern und Herzen ab, die Eileiter weiblicher Tiere und sogar die Eier darin.

Die Hügel von Liaoning in der Steppe Südchinas, lange der westlichen Forschung verschlossen, sind ein Pompeji der Naturgeschichte. Im Jahr 1997 erhielten die ersten europäischen und amerikanischen Wissenschaftler Zutritt dorthin. Als sie zurückkehrten, berichteten sie von einem Kapitel des Lebens, in dem kein Mensch vor ihnen gelesen hatte.

Denn der Boden unter Liaoning birgt Zeugnisse aus einer Umbruchszeit, in der neue Wesen in der Welt der Saurier auftauchten.[1] Versteinerte Blüten beweisen, dass den dominierenden Farnen, Gingkogewächsen und Nadelhölzern Konkurrenz durch Blütenpflanzen erwuchs. Libellen und Bienen berichten vom Siegeszug der Insekten. Vögel eroberten die Lüfte, Säugetiere begannen sich auszubreiten.

Im Licht eines mitgebrachten Ultraviolettmikroskops sah der Münchner Paläontologe Peter Wellnhofer an Echsenfossilien Gefiederreste hellgelb aufstrahlen: Federschwingen an einem Saurier? Es offenbarte sich hier eine der großen Metamorphosen der Natur – der Übergang vom Reptil zum Urvogel.[2]

Im Magen eines anderen Saurierfossils fand ein Kollege Welln-hofers von winzigen Zähnen besetzte Knöchelchen. Die Trümmer, kürzer als ein Streichholz, entpuppten sich als Kiefer eines spitz-mausartigen Tieres – ein einzigartiger Beleg dafür, dass die frühen Säuger Beutetiere der noch allmächtigen Saurier waren.

Daunen unterm Mikroskop, ein versteinerter Zahn – so un-scheinbar sind die Zeugnisse vom Beginn einer neuen Welt. Doch die Entdeckungen von Liaoning, der nach Ansicht des US-Palä-ontologen John Ostrom »bedeutendsten Fundstelle seit der Ent-deckung der Dinosaurier«, werfen Fragen nach der Herkunft von heutigen Pflanzen und Tieren auf: Erlaubt das chinesische Tuffge-stein den Blick in ein Labor der Natur, in dem sie neue, überlege-ne Arten erprobte? Waren die Säuger, Vögel, Insekten und Blü-tenpflanzen gleichsam ausersehen, die Herrschaft der Saurier und Farne zu brechen? Oder verdanken sie ihren Sieg im Überlebens-kampf nur dem Glück? Der Fortschritt in der Naturgeschichte steht damit zur Diskussion.

Fast 150 Jahre nachdem Charles Darwin den Schöpfergott ent-thronte, gibt es wieder Debatten um die Evolution. Denn die Fos-silienfunde der vergangenen Jahre, aber auch neue Erkenntnisse der Genforschung, haben es möglich gemacht, vieles im Detail nachzuprüfen, was Darwin und seine Nachfolger einst nur postu-lierten.

Die Fragen, die sich hier auftun, berühren das menschliche Selbstverständnis wie kaum ein anderes Problem der Wissenschaft – hinter der Erforschung der Naturgeschichte steht die Suche nach der eigenen Herkunft: die Grundfrage, ob der Entwicklung des Menschen und seines Bewusstseins eine Zwangsläufigkeit in der Schöpfung zu Grunde liegt. Wer den Fortschritt in der Evolution leugnet, der stößt auch den Homo sapiens von seinem vermeint-lichen Thron. Ist er stolzes Endprodukt von Jahrmilliarden der Verbesserung? Oder bewohnt er die Erde nur als eine zufälliger-weise heute lebende Art, als ein Geschöpf unter Millionen?

Charles Darwin hatte den Menschen seine Sonderstellung ge-nommen, indem er ihn einen Abkömmling des Tierreichs nannte, einen hoch entwickelten allerdings. Genährt von den neuen Einblicken in die Vergangenheit, kommen nun Lesarten auf, die viel radikaler sind: Es sei sinnlos, von höheren und niederen Kreaturen zu sprechen – der Homo sapiens wird auf eine Stufe mit Käfern und Würmern gestellt.

Auf einer philosophischen Ebene verliert der Mensch damit alle Berechtigung zur Herrschaft über die Natur. Die heutige Erde, die von intelligenten Menschen bevölkert wird, erklären immer mehr Deuter, sei anders, doch keineswegs besser als die untergegangenen Welten der Triboliten und Saurier. Dies sind die Fronten, an denen der Streit um die Evolution tobt. Zu den Wortführern der Lager haben sich zwei Gelehrte gemacht, beide ebenso schillernd wie eloquent: Richard Dawkins und Stephen Jay Gould.

Dawkins preist die »fast unbegrenzte Kraft des darwinistischen Prinzips«. Durch Auslese ihrer tauglichsten Geschöpfe habe die Natur aus den simpelsten immer bessere Wesen hervorgebracht – der Forscher beschreibt die Evolution als Triumphzug des Fortschritts.

Gould hingegen gilt als der Hohepriester des Zufalls. Viel mehr als die natürliche Auslese entscheide »wildes Lotteriespiel« über Wohl und Wehe einer Art. Nirgends in der Natur sieht Gould Anzeichen für Fortschritt. Und allein deswegen, weil der Mensch »in mancher Hinsicht eines der kompliziertesten Geschöpfe« sei, könne er noch längst nicht als die lebenstüchtigste unter den Kreaturen gelten: »Die Bakterien sind uns weit überlegen.«[3]

Die beiden Gegner sind Professoren an hoch angesehenen Universitäten, beide mehr Schriftsteller denn Forscher: Gould aus Harvard, der Präsident des einflussreichen amerikanischen Wissenschaftlerverbandes wurde, hat seinen Paläontologenhammer schon lange aus der Hand gelegt. Der Biologe Dawkins, Inhaber eines Oxford-Lehrstuhls für Wissenschaftsvermittlung, hat allenfalls während seiner Studentenzeit Laborversuche unternommen.

Die Bücher der beiden Meinungsführer erreichten international Millionenauflagen, und jeder gebärdet sich auf seine Weise als Diva des Wissenschaftsbetriebs. Während Dawkins im Maßanzug vor den Kameras posiert, lässt sich Gould kaum je fotografieren: »Mein Aussehen erlaubt es nicht.«

Die beiden Matadore fechten einen Streit aus, der zurückgeht bis ins Geburtsjahr Charles Darwins. 1809, als die Dampfmaschinen den Beginn der Hochzeit der Ingenieurkunst markierten, hatte der Pariser Edelmann Jean-Baptiste Chevalier de Lamarck die These veröffentlicht, Fortschritt gebe es auch in der Natur – der Mensch sei Endprodukt einer langen Entwicklungslinie.

Lamarck, der damit den Schauplatz der Schöpfungsgeschichte vom Paradies auf die Erde verlegt hatte, entwickelte die These, dass die Arten sich durch hartes Training weiterentwickelt hätten. Durch »tätigen Gebrauch ihrer Organe« hätten die Tiere ihre Körperteile ausgebildet. Wie sich beim Bodybuilding die Muskeln dürrer Oberarme in kräftige Bizepse verwandeln, so seien zum Beispiel den urzeitlichen Fischen Beine gewachsen, als sie an Land robbten und ihre Flossen zum Laufen gebrauchen mussten. Und die Giraffen legten sich lange Hälse zu, indem sie sich nach Blättern in den Baumkronen reckten.

Derart nützliche Ausstattung, einmal erworben, werde an die Nachkommen vererbt, glaubte Lamarck – der auf ihn zurückgehende Mythos, kulturelle Eigenheiten wie der norddeutsche Gleichmut oder die bayerische Rauflust hätten sich in den Genen dieser Volksgruppen niedergeschlagen, geistert noch heute durch die Populärwissenschaft.

Auf Galapagos ahnte der junge Charles Darwin, dass die Lamarck-These nicht haltbar war. Nur spärlich belebte Fels-Eilande betrat der Naturforscher, als er dort am 17. September 1835 von Bord der Vermessungsbrigg »Beagle« (»Spürhund«) an Land ging. Darwin stellte fest, dass die wenigen Pflanzen- und Tiergattungen der Inseln in einer verwirrenden Zahl von Abwandlungen existierten: »Jede Insel scheint ihre eigene Schildkrötenart zu haben«, notierte er. Ebenso erstaunlich war die Vielfalt der Finken mit unterschiedlichen Farben, Größen und Schnabelformen – Darwin entdeckte mehr als ein Dutzend Variationen dieses Vogels.

Für solche Extravaganzen der Evolution bot Lamarcks Theorie keine Erklärung – auf den Galapagosinseln schien das Leben planlos zu experimentieren. Darwin stellte die Lehre Lamarcks vom Kopf auf die Füße: Zunächst erfinde die Natur neue Wesen, indem sie die vorhandenen willkürlich variiert. Dann erst entscheide der Wettbewerb zwischen dem Neuen und dem Alten, wer überlebt.

Darwin hatte das Spiel des Zufalls an die Stelle eines sinnvollen Plans der Natur gesetzt; was das für die religiösen Überzeugungen seiner Zeitgenossen bedeutete, war ihm durchaus bewusst. Zwei Jahrzehnte hielt er die Veröffentlichung seiner Theorie zurück. Als sein Hauptwerk ›On the Origin of Species‹ (deutsch: ›Über den Ursprung der Arten‹) 1859 endlich in Druck ging, wurde er bettlägerig, ihn plagten Schuldgefühle wie nach dem »Eingeständnis eines Mordes«.

Mit einer Mischung aus Faszination und Entsetzen nahm die Öffentlichkeit Darwins Werk auf, die Erstauflage war schon am Erscheinungstag ausverkauft. Der Bischof von Oxford, Samuel Wilberforce, erklärte hilflos, er werde »Darwin zerschmettern«. Als es jedoch vor der »Britischen Gesellschaft zur Förderung der Wissenschaft« zum Disput kam, hatte er Darwins Argumenten nichts entgegenzusetzen. »Darwin«, bemerkte der Dichter Charles Kinsley, »bricht durch die schiere Macht der Tatsachen wie eine Flut herein.«

Seit über einem Jahrhundert steht Darwins Theorie nun unanfechtbar da: ein Monolith der Wissenschaft. Wie kaum eine andere Lehre haben sich ihre Aussagen verdichtet zu einem einzigen Bild, das Darwin so nie beschrieben, das sich aber jedem Schulkind eingeprägt hat: die Natur als verzweigter Stammbaum des Lebens. Algen und Bakterien bilden den Stamm, Wirbellose das niedere Geäst. In der Krone des Schöpfungsbaumes sitzt der Mensch.

Nun aber machen Dawkins wie Gould Schluss mit der Vorstellung, der Homo sapiens sei ein besonderes Erfolgsmodell der Natur. In ihrer Radikalität allerdings unterscheiden sich die Neudeuter: Während Gould, der Bilderstürmer, die ganze Metapher des Lebensbaumes für irreführend erklärt, begnügt sich Dawkins damit, dem »menschlichen Chauvinismus« entgegenzutreten.

Dawkins beschreibt die Evolution als »Bergtour«, hin zu den »Gipfeln der Perfektion«, von denen der Homo sapiens nur einer sei – wer die Netzbaukunst der Spinnen oder die Ultraschallnavigation der Fledermäuse untersuche, erkenne darin Errungenschaften der Natur, die nicht geringer seien als der Organismus des Menschen.[4]

Diese Spitzenleistungen seien seiner Meinung nach möglich, weil das Leben immer wieder »Schwellen« überschritten und dadurch seine Möglichkeiten vervielfacht habe.[5] Die Antriebskraft zu allem Erfindungsreichtum der Evolution stecke im Erbgut: ›Das egoistische Gen‹ heißt das Buch, das Dawkins berühmt gemacht hat. Sobald nämlich vor fast vier Milliarden Jahren die ersten Moleküle sich zu vervielfältigen begannen und damit den Sprung von der toten Materie zu einer Vorform des Lebens schafften, standen sie miteinander im Wettbewerb.

In einer Welt mit knappen Ressourcen setzten sich bald diejenigen Erbmoleküle durch, welche ihren genetischen Code besser und schneller weitergeben konnten als andere: Die Gene verhielten sich, als ginge es ihnen nur um ihren Selbsterhalt, und so sei es bis heute geblieben. Wenn sich im Lauf der Evolution immer ausgefeiltere Organismen bildeten, dann nur, um dem Erbgut im Kern jeder Zelle immer bessere Fortpflanzungschancen zu geben.[6] »Letztlich«, schreibt Dawkins, »sind wir alle Kampfmaschinen unserer Gene.«

Eine Art Rüstung waren schon die ersten Zellen, in denen die fragilen Erbmoleküle Schutz finden konnten. Diese simple Form der Verteidigung hielt sich über lange Zeit in der Evolution, weil kein Konkurrent eine bessere hatte. Dann aber, vor einer Milliarde Jahren, macht die Natur ihren ersten großen Sprung: Verschiedene Einzeller entwickelten ihre Gene. Dies ermöglichte die Entstehung neuer Formen – Vielzeller, Pflanzen und Tiere.

Die Evolution erprobte zuerst in den Hohlkörpern von Quallen vor 565 Millionen Jahren eine weitere bahnbrechende Erfindung: die Nervenzellen. Mit der elektrischen Signalübertragung kam Tempo ins Tierreich – Räuber konnten ihr Frühstück anspringen, die Beute um ihr Leben laufen. Die Neuronen waren es auch, die vor kaum drei Millionen Jahren das Überschreiten der vorerst letzten Schwelle erlaubten: Aufrecht laufende Menschenaffen begriffen, wer sie sind, entwickelten Bewusstsein und lernten zu sprechen.

Immer war es laut Dawkins dasselbe Prinzip, welches diesen Prozess vorantrieb – das Streben nach Überlegenheit. »Alle Fragen über das Leben haben dieselbe Antwort: natürliche Selektion.« Ingenieurhaft habe die Natur stets besser entwickelte Wesen angestrebt und die missratenen ausgemerzt. Jede einzelne Generation habe gewirkt wie ein Sieb: »Gute Gene fallen hindurch; schlechte Gene enden in Körpern, die sterben, ohne sich fortzupflanzen.« Deswegen seien die Sprünge der Evolution von Anfang an abzusehen gewesen. Einmal in Gang gekommen, musste das Leben unweigerlich irgendwann diese entscheidenden Übergänge – Vielzeller, Nerven, Bewusstsein – erschaffen.

Gould, der Skeptiker, hält diese Gedanken für absurd. Seine These, dass sich das Leben bei einem zweiten Anlauf »ganz anders« entwickeln würde, stützt er vornehmlich auf das Schöpfungswunder der kambrischen Revolution, von der das Kapitel ›Expedition in die Tiefenzeit‹ erzählt.

Jene Epoche vor rund 530 Millionen Jahren, als wie aus dem Nirgendwo die ersten Tiere mit vielgestaltigem Körperbau erschienen und die simplen Urtiere ablösten, war die wohl dramatischste Episode der Naturgeschichte. Rasend schnell erfand die Natur damals sämtliche Konstruktionsprinzipien der Fauna – symmetrische Körper mit Kopf und Schwanz, Mund, Darm und Herz – und erprobte sie an fremdartig anmutenden Organismen: Famicernis, ein groteskes Würmchen auf dem Meeresboden, trug zehn Tentakeln auf dem Kopf, Vetulicola pflügte als eine Art umpanzertes Miniatur-U-Boot durch die Ozeane, während sich Sarotrocercus mit dem Bauch nach oben im Wasser fortbewegte, seinen Körper als Propeller benutzend.

Doch die goldene Zeit der »irren Wundertiere« (Gould) währte nur fünf Millionen Jahre, erdgeschichtlich gesehen kaum mehr als einen Moment. Sie begann, als die ersten der neuen Wesen, ungestört von natürlichen Feinden, sich an Bakterien und Algen satt essen und immer neue Körperformen ausprobieren konnten. Sie endete, als manche Tiere begannen, sich mit Zähnen und Klauen zu bewaffnen, und mordlustig übereinander herfielen.

Ein Wettrüsten setzte ein. Es entstanden Panzer, Schalen und immer größere Klauen. Das anschließende Gemetzel, das »größte der Naturgeschichte« (Gould), überlebten die wenigsten Arten. Diese Schlacht habe die Weichen für die zukünftige Fortentwicklung des Lebens gestellt. Es gab keine Merkmale, die den Sieger im Voraus erkennen ließen, behauptet Gould.[7] Warum, fragt er, ist zum Beispiel Anomalocaris verschwunden, jener grässliche Räuber, dessen fächerförmiger Körper von bis zu zwei Metern Länge in einem kreisrunden Mahlwerksgebiss endete? Glück im russischen Roulette des Kambriums habe hingegen der wehrlose Däumling Yunnanzoon lividum gehabt, aus dem alle Wirbeltiere hervorgingen – ob Hai, Schildkröte oder Greifvogel.

Offenbar waren die Verflechtungen und gegenseitigen Abhängigkeiten der Tiere bereits in der kambrischen Welt so ausgeprägt, dass das Aussterben einer einzigen Spezies den Niedergang – oder das plötzliche Aufleben – einer ganzen Reihe von anderen Arten auslösen konnte. Darüber hinaus hätten Katastrophen der Evolution immer wieder eine neue Richtung gegeben: Hätte vor knapp 65 Millionen Jahren nicht zufällig ein Meteorit die Erde getroffen und die Lebensräume der Dinosaurier vernichtet, so wären die Säugetiere noch immer kleine Kreaturen in den Winkeln der Natur. Arten mit Bewusstsein gäbe es dann nicht.

Weil verschiedene Unwägbarkeiten immer wieder die Naturgeschichte regierten, hält Gould es für abwegig, an die Tüchtigkeit als Überlebensgarantie zu glauben. Nicht das Streben nach Verbesserung, sondern zufällige Umstände hätten die Geschicke des irdischen Lebens gelenkt – nicht anders als in der Geschichte der Kulturen und Dynastien. »Wie ein Königreich verloren gehen kann, weil es an einem Hufnagel gefehlt hat«, schreibt Gould, so bestimme das unmittelbare Ereignis über Aufstieg und Fall einer Art.

Das Studium der Fossilien belege, dass es in der Naturgeschichte nie eine feste Marschrichtung gegeben hat. Das Leben habe mit den denkbar einfachsten Kreaturen, den Bakterien, begonnen; so war die einzige Richtung, in die es sich anfangs entwickeln konnte, die hin zu größerer Komplexität. Doch in allen späteren Stadien biete die Evolution ein wildes Spiel komplizierter Formen dar, bei dem ebenso viele Rück- wie Fortschritte zu beobachten seien.

Als Beleg zitiert Gould neue Untersuchungen an Versteinerungen von Ammoniten – ausgestorbene Vorfahren des schneckenförmigen Kopffüßlers Nautilus. Lange hatten die verschiedenen Spiralformen der Gehäuse dieser Tiere als Paradebeispiel dafür gegolten, wie Lebewesen im Lauf der Zeit immer komplexer werden. Doch zur Begründung hätten sich die Paläontologen fälschlicherweise allein auf ihre Anschauung verlassen, kritisiert Gould. Eine streng mathematische Analyse der Formen versteinerter Ammonitenhäuser, die zwei amerikanische Forscher 1992 veröffentlichten, nämlich zeige das Gegenteil: Die fraktale Dimension der Ammonitenhäuser, ein Maß für deren Reichtum an Strukturen, sei während der Epoche von 270 bis 220 Millionen Jahre vor unserer Zeit zwar mitunter gestiegen, aber auch immer wieder gefallen.[8] Manche Gehäuse von Ammoniten am Ende der Untersuchungsperiode erwiesen sich sogar als weit simpler geformt als diejenigen ihrer Vorläufer, welche 50 Millionen Jahre früher gelebt hatten.

Auch ein Vergleich der Tiere heute und früher beweise, dass die Idee vom Fortschritt in der Natur überaus fragwürdig sei: Unter den fast zahllosen Insektenarten hätten es nur die allerwenigsten zu mehr Nervenzellen als ihre Vorgänger vor 200 Millionen Jahren gebracht. Und seien die modernen Wirbellosen, die Muscheln und Schnecken, wirklich besser konstruiert als die Armfüßler, Haarsterne und Moostierchen, die vor 300 Millionen Jahren vorherrschten? Ohnehin sei, solange das Reich der Bakterien mit Abstand die meisten Lebewesen der Erde umfasste, die Entstehung von immer höher entwickelten Wesen keine Tendenz in der Natur.

Nur wo das ökologische Geflecht der Mikroben und Wirbellosen noch eine unbesetzte Lebensnische bot, hätten komplexere Wesen überhaupt eine Chance gehabt: Die Primaten eroberten ihren Platz auf der Erde nicht, indem sie die Bakterien, die Fische oder die Insekten verdrängten. Sie konnten nur jene ökologischen Lücken besetzen, die die älteren Bewohner des Planeten noch nicht ausgefüllt hatten.[9]

Gleich einem Fettfleck habe sich das Reich des Lebens durch zunehmende Vielfalt nur immer mehr ausgedehnt, argumentiert

Gould – nach seiner Vorstellung erscheint der Mensch nicht einmal mehr als vorläufiger End- oder Höhepunkt irgendeiner Entwicklung. Er steht als Außenposten, ein höchst fragiles Gebilde, einsam am Rand der Natur: »Wir müssen begreifen, dass wir als Spätankömmlinge froh sein müssen, dass überhaupt Platz für uns ist.«

Langfristig seien die Aussichten menschlichen Lebens auf der Erde ohnehin ziemlich schlecht, verglichen mit denen der Bakterien. Diese hätten zigtausende Arten hervorgebracht und bereits 3,5 Milliarden Jahre überdauert; der Homo sapiens sei nicht mehr als eine einzige Art, die sich gerade hunderttausend Jahre lang auf dem Planeten herumtreibe. So werde nach aller Wahrscheinlichkeit der Mensch wohl vergehen, kaum anders als die Wunderwesen der kambrischen Explosion; kosmisch gesehen bliebe dann der Auftritt bewusstseinsbegabter Wesen nicht mehr als ein Zwischenspiel auf der Bühne der Welt.

Mit dieser zutiefst pessimistischen Sicht verabschiedet Gould den Fortschritt aus der Naturgeschichte, wie es auch in anderen Zusammenhängen en vogue ist. Durch Umweltkatastrophen und Atombomben, so formuliert es der Konstanzer Evolutionsbiologe Hubert Markl, sei »das Gefühl, es dank des zivilisatorischen Fortschritts herrlich weit gebracht zu haben, gründlich verflogen«.

So, wie einst Lamarck und Darwin die Fortschrittsseligkeit ihrer Zeit in ihre Naturdeutung einfließen ließen, überträgt nun Gould die Zweifel am technischen Fortschritt auf die Evolution. Die Begeisterung für den Fortschritt, so argumentiert er, liege weniger in Tatsachen, sondern in Hoffnungen und Ängsten begründet.

»Wir haben ein unauslöschliches Bedürfnis, um Bedeutung zu ringen«, meint Gould. »Wir sehnen uns nach einem Sinn.« Der Mensch habe seit dem letzten Jahrhundert zunehmend einsehen müssen, dass er nicht so mächtig sei, wie er meinte, und dass die Natur sich ungeordneter benimmt, als er hoffte: »Wir wollten die Natur für warm und kuschelig halten. Doch wir mussten lernen, dass das Universum chaotisch ist und sich keineswegs immer wohlwollend uns gegenüber verhält.«

Weil der Mensch aber diese kalte Dusche, die ihm die Wissenschaft bereitete, nicht wahrhaben wollte, habe er sich neue Mythen gebastelt: Die Welt sei dem Menschen wohlgesinnt; das Universum habe das Ziel gehabt, ihn selbst, den Homo sapiens, hervorzubringen. Auch Naturwissenschaftler sieht Gould keinesweges frei von solchen Sehnsüchten: »Forscher sehen die Wirklichkeit immer durch die Brille ihrer Vorurteile.« Und Evolutionsbiologen seien davon nicht ausgenommen.

In der Kontroverse haben, wie so oft, sowohl Dawkins als auch Gould Recht. Dawkins führt zutreffend an, sein Gegner nehme das wilde Spiel des Zufall wichtiger, als es ist. Der Untergang ganzer Tierklassen sei viel seltener, als Gould meine; und jene überragende Bedeutung, die der Kollege aus Harvard ihnen beimesse, hätten die ungesteuerten Schicksalsmächte noch nicht einmal am Ende der kambrischen Epoche gehabt, auf die er sich beruft. Gould sei da einfach nicht auf dem neuesten Stand.

Die meisten Tierstämme des Kambriums haben ja, wie die letzten Analysen ihrer Fossilien beweisen, bis in die heutige Zeit existiert; nur die wenigsten endeten stumpf als Sackgassen der Evolution. Selbst der Mörder Anomalocaris, den Gould restlos verschwunden wähnte, hat sein Erbgut weitergegeben bis in die Moderne: als ein Stammvater der Insekten und Spinnen, wie im Kapitel ›Expedition in die Tiefenzeit‹ beschrieben. In neuen Körpern, verwandelt bis zur Unkenntlichkeit, leben die Gene der meisten Damaligen fort.

Zudem zeigt die molekularbiologische Suche nach den Bauplänen der Tiere in deren Erbgut, wie sehr dem Zufall Grenzen gesetzt sind. Nach den Erkenntnissen des Baseler Genetikers Walter Gehring wird die Entwicklung der Augen zum Beispiel in allen Tieren von Genen hervorgerufen, die schon in simplen Flachwürmern die Bildung von Sehzellen anregten (siehe Kapitel ›Hoffnungsvolle Monster‹). Und so verschieden die Linsenaugen des Menschen und die Facettenaugen der Fliegen auch sind – beide entwickelten sich während der Evolution parallel, beide von denselben Kommandos im Erbgut gesteuert. So waltet die wilde Lotterie des Lebens, die Gould heraufbeschwört, nur in dem engen Rahmen, den die Gene gestatten.

Anderseits ist dem Forscher aus Harvard darin zuzustimmen, dass Fortschritt offenbar kein Trend in der Natur ist. Fossilien zeigen, dass viele Tiere wie Krokodile, Quastenflosser und Pfeilschwanzkrebse noch immer so aussehen wie vor hundert Millionen von Jahren und es fällt schwer, diese plumpen Kreaturen mit Dawkins als »Gipfel der Perfektion« zu bezeichnen.

Der Baum des Lebens wächst viel mehr in die Breite als in die Höhe. Das beweisen die Expeditionen der letzten Jahre zu den lebensfeindlichsten Habitaten auf dem Planten: zu den schwarzen Rauchern der Tiefsee oder in vergiftete, seit Jahrmillionen von der Außenwelt abgeschlossene Höhlen. Selbst in den giftigsten Milieus noch fanden die Forscher Kreaturen, die sich perfekt an die feindliche Umwelt angepasst hatten.

Aber die Organismen in solch entlegenen Lebensräumen waren stets urtümlich geblieben. Nirgends wurden Geschöpfe gesichtet, die – über die Anpassungsleistung hinaus – irgendwelche besonderen Fähigkeiten hervorgebracht hätten: Dass in den Genen bestimmte Möglichkeiten zur Fortentwicklung angelegt sind, heißt keineswegs, dass die Natur sie auch nutzt. Lebenstüchtigkeit, nicht Perfektion, ist, was zählt in der Evolution.

Möglicherweise rührt die Kontroverse um den Fortschritt in der Natur von einer falschen Verwendung des Begriffs her. Der Fortschrittsgedanke entstammt der menschlichen Kulturgeschichte – als Metapher auf die Evolution übertragen ist er zweifelhaft. Es mag sinnvoll sein, eine Motorsäge besser zu nennen als einen behauenen Stein oder die Metropole Los Angeles weiter entwickelt als ein prähistorisches Dorf. Dagegen macht sich angreifbar, wie auch Dawkins einräumt, wer die Leistungen des menschlichen Auges höher einschätzt als die Orientierungskünste der Zugvögel.

Dem Irrtum, in der Naturgeschichte einen Vorläufer der Kulturentwicklung zu sehen, war schon Lamarck verfallen. Seine Vermutung, irgendwann hätten die Giraffen ihre langen Hälse durch fleißige Streckübungen erlangt, wäre nur schlüssig, hätte eine Giraffengeneration das, was sie sich mühsam erworben hat, der nächsten weitergeben können. Aber dafür müssten die Tiere entweder eine Sprache besitzen, um ihre Kinder zu unterweisen, oder ihr Erbgut hätte sich im Lauf ihres Lebens so zu wandeln, dass die Eltern dem Nachwuchs schon von Geburt an mitgeben könnten, was sich bewährt hat.

Nichts dergleichen war in der Naturgeschichte vorgesehen. Erst den Menschen haben Sprache und Schrift in die Lage versetzt, sich Fähigkeiten von anderen Menschen und Kulturen anzueignen und sie weiterzuverbreiten. So konnte sich der Homo sapiens über das zufällige Vor und Zurück der Darwinschen Evolution allmählich erheben – Natur und Zivilisation schreiten nach ganz unterschiedlichen Gesetzen voran.

Die Evolution der Natur, dieses wilde Spiel mit den Genen, ist ein Prozess wachsender Vielfalt, bei dem es wenig angebracht ist, von Fortschritt zu reden. Kulturelle Entwicklung ist ein Prozess des Lernens und des Sammelns, in dem es Fortschritt geben kann. Was den Menschen dazu befähigte, ist sein Bewusstsein. Aber auch das Bewusstsein ist ein Produkt der Evolution.

Abschied vom Ich

Sie nannten ihn Tan-Tan. Eigentlich benahm sich dieser Insasse einer Pariser Irrenanstalt ganz normal, nur hatte er über zwei Jahrzehnte hinweg immer dieselbe Silbe von sich gegeben, »tan«. Erst als Tan-Tan gestorben war, machte sich ein Anatom auf die Suche, ob sich ein Grund für so viel Einsilbigkeit feststellen ließe – er sägte Tan-Tan den Kopf auf.

Paul Broca, so hieß der Forscher, fand das Gehirn hinter der Schläfe des toten Patienten zerfressen. Der defekte Nervenknoten, kaum münzgroß, schloss er, müsse den Sitz der Sprache enthalten; damit war ihm im Jahr 1861 eine epochale Entdeckung geglückt. Zum ersten Mal hatte ein Naturforscher mit dem Seziermesser gefunden, wonach die Philosophen seit der Antike suchten: einen Zusammenhang zwischen Geist und Gehirn.

Niemand konnte nach Brocas Entdeckung mehr behaupten, die Fähigkeiten des Verstandes seien an keinerlei Körperfunktionen gebunden, sondern entstammten einer anderen, nicht materiellen Welt. Fragwürdig wurden durch Brocas Tat auch all jene, die meinten, einerlei, ob es zwischen Hirn und Seele einen Zusammenhang gäbe, so wäre dieser doch nie zu ergründen. Dieser Auffassung hing etwa Brocas einflussreicher Zeitgenosse, der deutsche Physiologe Emil Du Bois Raymond an, als er in einem viel beachteten Vortrag sein berühmtes »Ignorabimus« verkündete, was lateinisch »wir können nicht wissen« bedeutet: »Die astronomische Kenntnis des Gehirns, die höchste, die wir davon erlangen können, enthüllt uns darin nichts als bewegte Materie. Durch keine zu ersinnende Anordnung oder Bewegung materieller Teilchen aber lässt sich eine Brücke ins Reich des Bewusstseins schlagen.«

Er hat sich geirrt. Heute gibt es kaum eine Hirnfunktion mehr, die sich dem Zugriff der Neurobiologen entzieht. Auch müssen die Forscher nicht länger auf den Tod ihrer Versuchsperson warten, denn mit bildgebenden Verfahren wie der Positronenemissionstomographie, bei denen Probanden eine schwach radioaktive Salzlösung als Markierung ins Blut gespritzt wird, können sie lebenden Hirnen bei der Arbeit zusehen. In den Bereichen, die besonders aktiv sind, ist die Durchblutung erhöht, deshalb empfängt das Messgerät von dorther stärkere Strahlung und zeigt sie auf einem Monitor an.

So ist es möglich geworden, Menschen beim Lernen von Fremdsprachen in den Kopf blicken und die beteiligten Hirnregionen auf den Millimeter genau zu vermessen. Die Wissenschaftler vermögen selbst Entstehung und Dramatik von Träumen zu verfolgen oder festzustellen, welche Areale aktiv sind, wenn Schizophrene ihre Wahnstimmen hören.[1]

Dank dem transkranialen Magnetostimulator, dem neuesten ihrer Untersuchungsgeräte, können die Neurobiologen sogar, ohne die Schädeldecke zu öffnen, auf laufende Hirnfunktionen Einfluss nehmen. Mit kräftigen Magnetfeldern schalten sie bestimmte Hirnregionen ihrer Versuchspersonen einfach ab und erzeugen so für ein paar Minuten Geisteskranke.[2] Die Probanden bleiben bei vollem Bewusstsein, erleben aber Gespenstisches: Sie können ungehindert sehen, fühlen, sprechen, aber plötzlich gelingt es ihnen nicht mehr zu sagen, welcher von zwei Stäben der größere ist.

Noch tiefere Einblicke haben sich die Forscher in die Gehirne von Affen, Katzen und Frettchen verschafft. Mit Elektroden auf und in den Köpfen von Tieren gelang es, die Tätigkeit der Gehirne bis auf das Niveau der Neuronen nachzuvollziehen. Experimente an Schimpansen haben bewiesen, dass es Hirnzellen gibt, die tätig sind, wenn sich das Gehirn um Vergangenes kümmert, und solche, die sich allein mit der Zukunft befassen: Neuronen für das Gestern, andere für das Heute, wieder andere für das Morgen.[3]

Aus all diesen Ergebnissen meinen die geistigen Erben Paul Brocas 130 Jahre nach dessen Entdeckung nun den Schluss ziehen zu können, dass dem Bewusstsein nichts außer chemischen und elektrischen Vorgängen entspricht. Ob Angst, Durst oder Liebe – für alle solche Empfindungen könne man eine Hirnfunktion finden. Und umgekehrt lasse sich aus der Aktivität der Neuronen im Prinzip die zugehörige Empfindung erschließen.

Damit wird eine uralte Vorstellung zu Grabe getragen: die von der Seele. Nicht die Hirnforscher allein, auch die Philosophen erklären die Frage, ob es eine unsterbliche Seele gebe, seit ein paar Jahren für erledigt. Es sei da nichts außer dem Spiel der Moleküle und Stromsignale im Menschen; debattiert wird nur noch, wie diese Tatsache zu deuten sei. Materialistisch geht die Menschheit ins neue Jahrtausend.

Die Naturwissenschaftler haben damit die Suche nach dem Bewusstsein, einst Domäne der Mystiker und Psychologen, zu ihrer Sache gemacht – eine feindliche Übernahme. Ihr stärkstes Argument beziehen die Forscher aus der Evolution. Sie haben festgestellt, dass die Gehirne aller Kreaturen nicht nur ähnlich zusammengesetzt sind, sondern auch ähnlich funktionieren.[4] Vom Frosch bis zum Gorilla haben alle Vierfüßler den gleichen Bauplan aus Großhirnrinde, Kleinhirn und Zwischenhirn, wo Teile des Riechsinns untergebracht sind; und in all diesen Regionen arbeiten Neuronen und Verbindungen, wie sie sich schon in den Würmern finden.

»Das Nervensystem im Menschen mag viel komplexer sein als jenes im Plattwurm«, sagt der Frankfurter Hirnforscher Wolf Singer. »Aber beide bestehen aus demselben Stoff. Nur eine Menge Verschaltungen sind hinzugekommen im Lauf der Evolution.« Deswegen stehe zu vermuten, dass das Bewusstsein des Menschen nicht vom Himmel gefallen sei, sondern sich im Lauf der Naturgeschichte allmählich herausgebildet habe.

Wahrscheinlich ist das Bewusstsein in mehreren Stufen entstanden. Die niedrigste unter ihnen ist die Aufmerksamkeit – die Erfahrung, ganz bei einer Sache zu sein und alle anderen Reize, solange diese nicht stören, auszublenden. Kein Mensch kann eine schwierige Aufgabe erledigen, ohne sich bewusst dabei zu konzentrieren. Auch wenn ein Schimpanse ein Puzzle zusammensetzen soll, sind Teile seines Vorderhirns aktiv, die genauso arbeiten wie die entsprechenden Areale beim Menschen. Folglich, so argumentieren die Forscher, müsse die Evolution die Funktion der Aufmerksamkeit schon ins Schimpansenhirn einprogrammiert haben.

Und wenn der Mensch seiner Konzentration bedarf, um eine Fliege zu erwischen: Sollte es beim Schleuderzungensalamander, dessen Sehsystem ähnlich organisiert ist, nicht ebenso sein? Die meisten Hirnforscher vermuten, dass schon Lurche und Reptilien zu solch einfachen Bewusstseinsfunktionen wie der Aufmerksamkeit in der Lage sind, während höhere Funktionen des Bewusstseins, wie sie etwa die Gabe der Imitation erfordert oder die Fähigkeit, sich in ein anderes Wesen hineinzuversetzen, bislang nur von großen Affen berichtet wurden.

Wenn aber die Bewusstseinsfunktionen des Homo sapiens übergangslos aus dem Tierreich hervorgingen, wenn alles schon in seinen Vorläufern angelegt war: Wie wäre es dann zu erklären, dass der Mensch einen Willen haben soll, der Lurch aber nicht?

Gerhard Roth, Doktor der Philosophie, Professor für Biologie, Direktor am Bremer Institut für Hirnforschung, studiert den Schleuderzungensalamander seit zwei Jahrzehnten. Täglich schaut er mit seinem Mikroskop einem solchen Tier ins Gehirn, das nur ein paar Gramm wiegt, erkundet die Rolle von Botenstoffen wie Glutamat und Serotonin; findet heraus, welche Nervenzellen aktiv, welche gehemmt werden und welche einfach stumm bleiben, wenn irgendwo eine Fliege erscheint. Seine Leute bemühen sich, das Jagdverhalten des Salamanders in einem Computerprogramm zu simulieren. Seit gut zehn Jahren schon programmieren sie an ihrem elektronischen Lurch herum, mit bescheidenem Erfolg.

»Reden wir zuerst von Plattwürmern«, sagt Professor Roth. »Sie haben eines der einfachsten Nervensysteme überhaupt und ganz bestimmt keinen eigenen Willen.« Kollegen sei es nämlich gelungen, das simple Nervensystem des Plattwurms vollständig zu erfassen. Alles, was das Tier tut, fanden sie durch die Reize der

Umgebung und durch den Zustand bestimmt, in dem sich sein Nervensystem gerade befindet.

»Beim Salamander ist das viel weniger offensichtlich«, sagt Roth. »Vor fünf Jahren dachten wir noch, diese Tiere seien simple Reflexmaschinen wie der Plattwurm. Aber das ist falsch.« Das eine Mal nämlich werfen die Salamander ihre lange, dünne Zunge einer Beute hinterher und schnappen danach, obwohl sie gerade gefressen haben; das andere Mal wenden sie sich von einem angebotenen Insekt ab, obwohl sie tagelang vorher nichts zu fressen bekamen. Ist es ein Wille, der sie treibt?

»Von außen gesehen könnte man es so nennen«, antwortet Roth. »Nicht anders als der Plattwurm wird auch der Salamander nur von den Signalen in seinen Nervenbahnen bestimmt.« Während diese aber beim Wurm fast ausschließlich von den Sinnesorganen geliefert werden, kommen beim komplizierteren Salamander viel mehr Signale aus dem Hirn selbst hinzu. »Nur weil wir diese inneren Erregungen nicht verstehen, scheint es uns so, als träfe das Tier Entscheidungen.«

So beschäftigten die Nervensysteme, je komplizierter sie im Lauf der Evolution wurden, sich immer mehr mit sich selbst: Beim Plattwurm etwa folgt auf ein Außensignal ungefähr ein Signal aus den eigenen Nervenverschaltungen. Beim Salamander kommen auf die Außenreize aus den Sinnesorganen schon Tausend, beim Menschen viele Millionen Mal mehr Signale aus dem Inneren des Gehirns. »Aber das Prinzip ist bei allen Geschöpfen dasselbe«, sagt Roth. »Deswegen müssen wir nicht nur von der Seele, sondern auch von der Vorstellung, dass es einen freien Willen gibt, endgültig Abschied nehmen. Wir Menschen haben ebenso wenig einen wie der Plattwurm.« Auch der Mensch funktioniere wie ein wenngleich überaus komplizierter Automat. Sein Gehirn tue einzig das, was es bei allen anderen Geschöpfen ebenso leiste: Es verrechne Außenreize, bringe sie in Beziehung zu früheren Erfahrungen und suche die Lösung, die ihm als die günstigste erscheint. Nur sind die Daten, die in die Rechnung einfließen, anders als beim Wurm, unüberschaubar, und die Programme unendlich viel verwickelter als jene des Salamanders.

Dass zwischen dem, was die Menschen für ihren freien Willen halten, und den Entscheidungen der Tiere eine evolutionäre Verbindung besteht, ahnte bereits Arthur Schopenhauer. »Kleine Insekten werden vom Schein des Lichts in die Flamme gezogen; Fliegen setzen sich der Eidechse, die eben vor ihren Augen ihresgleichen verschlang, zutraulich auf den Kopf. Wer wird hier von Freiheit träumen?«, fragte der Frankfurter Philosoph 1838 in seiner Schrift ›Über die Freiheit des menschlichen Willens‹, in der er eben diese verneinte. »Bei den oberen, intelligenteren Thieren wird die Wirkung der Motive immer mittelbarer (...), beim Menschen wird sie unermesslich. Hinzu kommt noch, dass der Mensch die Motive seines Thuns oft vor allen Anderen verbirgt, bisweilen sogar vor sich selbst, nämlich da, wo er sich scheut zu erkennen, was ihn bewegt, Dieses oder Jenes zu thun. (...) Unter Voraussetzung der Willensfreiheit aber wäre jede menschliche Handlung ein unerklärliches Wunder – eine Wirkung ohne Ursache.«

Einen populären Irrtum nennt es der Hirnforscher Roth, dass Menschen mit mächtigem Willen Berge versetzen und sich selbst übertreffen können. Wenn ein Extrem-Alpinist allen Eisstürmen und dünner Luft zum Trotz sämtliche Achttausender der Welt erstürme, hieße das nicht, dass er willensstark sei. Sein Gehirn sei nur so programmiert, dass es ihm nach Höchstleistungen besondere Belohnungsgefühle verschaffe, weswegen ein Reinhold Messner gar keine Wahl habe, als sich zu verausgaben. Gerade ein ungewöhnlich entschlossener Mensch sei keineswegs frei, sondern im Gegenteil in äußerstem Maße getrieben.[5]

Ist damit alle Entscheidungsfreiheit nur Illusion? Nicht erst Schopenhauer, schon Philosophen wie Gottfried Wilhelm Leibniz und David Hume hatten im 18. Jahrhundert dergleichen vermutet; die Neurobiologen liefern nun starke Indizien dafür. Angedeutet hatte sich diese Einsicht den Studien des Benjamin Libet, von denen das Kapitel ›Auf der Suche nach der vierten Dimension‹ berichtet. In den siebziger und achtziger Jahren hatte dieser amerikanische Neurologe die Zeitrhythmen im menschlichen Hirn untersucht; anhand von elektrischen Hirnströmen hatte er festgestellt, dass die motorischen Zentren etwa den Befehl, einen Finger zu krümmen, gaben, bevor den Versuchspersonen der Entschluss dazu bewusst wurde.[6]

Offenkundiger noch wurde das Theater im Kopf bei Untersuchungen, in denen Forschern in das Hirngeschehen direkt eingriffen wie Mechaniker in ein Getriebe. Die Forscher waren dazu in der Lage, weil es ihnen gelungen war, Patienten vor einer Tumoroperation bei vollem Bewusstsein die Schädeldecke aufzusägen, woraufhin deren Hirnwindungen bloßlagen. Reizten die Wissenschaftler mit einer Elektrode bestimmte Bereiche im Vorderhirn, rissen die Patienten unwillkürlich den Arm hoch. Fragte man die Versuchspersonen hinterher nach ihrem Impuls, behaupteten sie, sie hätten es so und nicht anders gewollt.

In welchem Maße das Gehirn dem Bewusstsein Lügen auftischt und im Nachhinein Gründe für sein Handeln erfindet, zeigte sich auch bei einer Zufallsentdeckung, die der Neurochirurg Itzhak Fried von der Universität Los Angeles im Jahr 1998 gemacht hatte. Bei einer Epilepsieuntersuchung hatte er einer 16-jährigen Patientin feine Elektroden unter die Schädeldecke gelegt und unter Strom gesetzt, um ihre Reaktionen zu prüfen. Plötzlich aber wurde die Patientin von Lachanfällen geschüttelt, obwohl nichts von dem, was sie sah, lustig war.[7] Auch mit der Epilepsie hatten die Freudenausbrüche nichts zu tun – die Dauer und das Ausmaß der Heiterkeit hingen allein davon ab, wie viel Strom Fried in das supplementär-motorische Feld ihrer linken Großhirnhälfte schickte. Der Neurochirurg hatte das Hirnzentrum für das Lachen entdeckt. Seine Versuchsperson aber wollte nicht wahrhaben, dass es nur elektrische Erregungen waren, die sie zu solcher Heiterkeit reizten. Gefragt, warum sie lache, presste sie zwischen ihren Salven heraus, dass sie die Ärzte so ulkig finde: »Ihr seid echt witzige Typen ... wie ihr da rumsteht!«

Wem aber spielt das Gehirn sein Gaukelstück vor? Jahrelang haben die Neurobiologen nach einer obersten Steuerzentrale gesucht, in der alle Fäden der Wahrnehmung zusammenlaufen: nach einem Sitz für das Ich, das Träume erlebt, Schmerz und Lust fühlt und schließlich all diese Erfahrungen als die seinen erkennt. Nichts dergleichen haben die Forscher gefunden.[8]

Was sie fanden, war, dass das Gehirn des Menschen – das Hunderttausend Milliarden Synapsen, mehr als die Milchstraße Sterne hat – zwar außergewöhnlich ist, verglichen mit dem Hirn anderer Geschöpfe aber nicht so außergewöhnlich wie gedacht. Würde man die ganze Großhirnrinde eines Delfins ausbreiten, wäre sie dreimal so groß wie die des Menschen. Und das Großhirn der Elefanten, Gewicht vier Kilo, wiegt viermal so viel und hat mindestens so viele Schaltverbindungen wie das menschliche. »Betrachtet man die Zahl der Neuronen und Synapsen, sollten Elefanten Menschen in ihren geistigen Fähigkeiten gleichkommen«, so Roth.

An der Hirnmasse des Menschen allein kann es also nicht liegen, dass er sich seiner bewusst ist. Auch weil die Neurobiologen fast jede andere Funktion des Gehirns lokalisieren konnten, vermuten sie mittlerweile, dass es ein fest verdrahtetes Ich im Kopf des Homo sapiens nicht gibt.[9] »Inzwischen glauben wir, dass der Mensch ohne Sinn für sich selbst auf die Welt kommt«, sagt der Forscher Wolf Singer. »Einen Begriff davon, wer sie sind, müssen Babys erst erwerben. Später, wenn wir erwachsen sind, glauben wir, das Ich war seit jeher vorhanden. Doch in Wahrheit ist es nur ein soziales Konstrukt.«

Kindern, so argumentiert Singer, wird der Glauben an ihre Identität und an ihren eigenen Willen von den Eltern regelrecht eingebläut, und im Kindskopf das Ich zu verankern sei ein langer Prozess. Erst mit 18 Monaten können Kleinkinder sich selbst im Spiegel erkennen. Ungefähr in diesem Alter lernen sie auch, andere Kinder nachzuahmen oder diese zur Nachahmung anzuregen: Sie haben eine Vorstellung davon erhalten, dass es zwischen »mir« und »dir« einen Unterschied gibt.

»Das Bewusstsein von sich selbst ist gar nicht anders zu denken als im Zusammenhang mit anderen Menschen«, sagt Singer, »Wolfskinder haben kein Ich«. Das Ich entstehe durch Übertragung von anderen auf die eigene Person: Weil Kinder beobachten, dass Mutter und Vater Gefühle haben, wächst eine Ahnung heran, dass ähnliche Mechanismen auch in ihnen wirksam sein könnten. Und wenn die Eltern ihren Kindern Gefühle zuschreiben, gehen diese irgendwann wie selbstverständlich davon aus, wirklich Emotionen zu haben. Auf diese Weise bilde sich die Vorstellung von einer eigenen Person – sie gleicht einer Krankheit, einem kollektiven Wahn, der sich von einer Generation auf die nächste überträgt.

Woher das »Ich« kam und dass es erlernt ist, können die Kleinkinder nicht ahnen – darin liegt für Singer der Grund, dass das Bewusstsein von sich selbst später als so unerklärlich erscheint. Erst mit zwei Jahren sind Kinder imstande, den Ursprung von Gelerntem zurückzuverfolgen. Was sie vorher mitbekommen haben, erscheint ihnen, als sei es immer schon da gewesen. So schafft das Gehirn die Illusion eines »Ich« und verwischt zugleich die Spuren.

Die Evolution muss das Fundament dafür gelegt haben, dass die Vorstellung, eine Person zu sein, im Menschenhirn möglich ist. Schon bei Tamarins, einer südamerikanischen Krallenaffenart, wurde festgestellt, dass ihr Gehirn sie befähigt, Artgenossen planvoll zu täuschen: Offensichtlich können sie sich in andere Individuen hineinversetzen und haben eine Vorstellung davon, was diese denken. Paviane erkennen sogar auf Dias andere Affen ihrer Horde und sich selbst.

Aber den Test vor dem Spiegel, Prüfstein für die höchste Stufe der körperlichen Selbstwahrnehmung, bestehen nur die allernächsten Verwandten des Menschen: die Orang-Utans und Schimpansen, die mit dem Homo sapiens 99 Prozent des Erbguts gemeinsam haben. Malt man ihnen einen neonroten Fleck auf die Stirn, deuten sie darauf.[10]

Doch wer seinen Körpers wieder erkennt, muss noch lange kein Gefühl von der eigenen Person haben, welches ihm das Wissen davon verschafft, morgen derselbe wie gestern zu sein. Und nichts im Gebaren der Affen lässt vermuten, dass sie eine solch abstrakte Vorstellung von sich selbst hätten. Darum, glaubt der Hirnforscher Singer, beruhe das Bewusstsein vom Ich zwar auf den Fähigkeiten der menschlichen Großhirnrinde, doch um es hervorzubringen, habe es nicht nur der natürlichen, sondern auch der kulturellen Evolution bedurft. Möglicherweise erst durch die Vermittlung der Sprache habe der Mensch diese höchste Stufe des Bewusstseins entwickeln können. Bereitwillig gibt Singer zu, dass seine Auffassung bislang nur eine Hypothese ist. Doch als solche hat sie Charme, denn im Unterschied zu vielen anderen Theorien vom Bewusstsein lässt diese sich testen. Wenn nämlich Singer Recht hat und das Ichbewusstsein erst nach der Kultur entstand, müssten Menschen verschiedener Kulturen auch mit unterschiedlichen Konzepten von sich selbst ausgestattet sein.

Der Psychologe Julian Jaynes aus Princeton glaubt sogar angeben zu können, wann das derzeit gültige Ichgefühl der westlichen Kulturen entstand: Zwischen den Zeiten, von denen Ilias und Odyssee künden, müsse eine Bruchlinie in der Selbstwahrnehmung der Menschen verlaufen sein.[11]

Achilles und all die anderen Helden des Trojanischen Kriegs kannten, wie die Ilias sie beschreibt, noch keinen eigenen Willen und keine Entscheidungsfreiheit, sondern wurden von den olympischen Göttern ferngesteuert. Jene lenkenden Zurufe, die sie für Götterstimmen hielten, waren akustische Halluzinationen, glaubt Jaynes. Die trojanischen Helden aber nahmen diese Signale, die in Wirklichkeit innerhalb des Gehirns übermittelt wurden, als genauso real wahr wie Töne von außen. Denn den Unterschied zwischen innen und außen kannten die Menschen damals noch nicht.

Erst der Odysseus des zweiten, späteren Epos Homers hatte eine Ahnung davon, dass er selbst als Urheber seiner Listen für sein Handeln verantwortlich war. Von dieser Epoche an, spekuliert Jaynes, habe das Konstrukt des Ichbewusstseins gewirkt.

Die Rufe, die den Menschen der mykenischen Zeit noch in den Ohren klangen, erinnern an Wahnstimmen, wie sie jeder vom Ichzerfall bedrohte Schizophrene erlebt. Tatsächlich könne solcher Wahn Aufschluss geben über die Organisation auch des normalen Selbst, glaubt der Hirnforscher Singer. Er hat herausgefunden, dass Wahnstimmen der Schizophrenen in denselben Hirnregionen verarbeitet werden wie wirklich Gehörtes. »Vielleicht haben die Schizophrenen Recht«, sagt er, »vielleicht erleben sie ihr Gehirn so, wie es wirklich ist – ohne das Konstrukt eines Ichs.« Und vielleicht zeige die Schizophrenie, wie überaus nützlich eine intakte Illusion des »Ichs« ist.

Wozu dieses Konstrukt taugt, hat ein Patient erfahren, den die Kartei des Magdeburger Neurowissenschaftlers Hans-Jochen Heinze als L. verzeichnet.[12] L. ist nicht schizophren, sondern Opfer eines Unfalls. Er war 33 Jahre alt, erfolgreicher Ingenieur und ein liebevoller Vater einer zweijährigen Tochter, als er auf dem Fahrrad von einem Auto angefahren wurde und eine Verletzung am Vorderhirn erlitt. Sechs Tage nach dem Unfall erwachte er aus dem Koma, nach ein paar Wochen waren alle körperlichen Beschwerden abgeklungen. L., der sich nur noch an ein paar wenige Begebenheiten aus der Zeit vor dem Unfall erinnern konnte, wurde als geheilt entlassen.

Erst nach ein paar Jahren fiel den Ärzten bei einer Nachuntersuchung L.s seltsam veränderte Persönlichkeit auf. Der Patient berichtete, dass alles, was er seit dem Unfall erlebt hatte, eigentlich nichts mit ihm zu tun habe – worüber er sich selbst wunderte. Eine genauere Nachprüfung seiner Hirnschäden ergab, dass ein bestimmter Trakt in der rechten Vorderhirnhälfte durch den Unfall gespalten ist. Durch diese Verletzung wurde L. offenbar alle Fähigkeit zur Erinnerung an das eigene Tun und damit auch die Selbstwahrnehmung genommen.

L. wirkt wie von außen gesteuert. Obwohl sein Verstand intakt ist, fehlt ihm jedes Gefühl für die Folgen des eigenen Tuns. Mit seiner Frau hat er feste Regeln vereinbart, damit er seinen Tag daheim bewältigen kann. Noch etwas stellten die Ärzte fest: Die Zeit hat für L. ihre Bedeutung verloren. Er kann sich weder mit der Vergangenheit auseinandersetzen noch für die Zukunft planen. Er kann nicht abwägen und auswählen; sein Leben erscheint ihm als bloße Folge aneinander gereihter Momente. »Er ist ein Gefangener des Augenblicks«, sagt Heinze.

Existiert ein Zusammenhang zwischen den beiden Defekten? Oder umgekehrt: Hat der Mensch sich ein Ich zugelegt, um damit die Grenzen der Zeit zu überwinden? Fast alle Hirnforscher sind sich einig, dass eine wesentliche Tätigkeit des menschlichen Gehirns darin besteht, sich Ansichten über die Wirklichkeit zusammenzuzimmern. Um vorwegzunehmen, was kommen könnte, schafft es sich ein Modell von der Welt, mit dem es sich in beliebige Zeiten versetzen kann. So ist es für verschiedene Möglichkeiten der Zukunft gerüstet. Und um kalkulieren zu können, wie sich bestimmte Veränderungen auf die eigene Person auswirken würden, legt das Hirn in dieses Modell ein Abbild von sich selbst hinein – das Ich.

»Vielleicht entsteht Bewusstsein dann, wenn das Gehirn die Welt so vollständig simuliert, dass die Simulation ein Modell ihrer selbst enthalten muss«, vermutete Evolutionsbiologe Richard Dawkins schon 1978:[13] Das Selbst gleicht einer Marionette, die in einer Kulissenwelt im Kopf herumturnt. Richtig brauchbar wird dieses Konstrukt aber erst dann, wenn das Gehirn nicht mehr ständig bewerten muss, was daran es echt ist und was erfunden – wirkungsvolle Illusionen sind als solche nicht zu erkennen. Solch ein perfektes Trugbild, dem er nun nicht mehr entkommt, habe sich der Mensch offenbar in einer sehr frühen Phase seiner Kulturentwicklung geschaffen, meint der Forscher Singer. »Das Ich«, sagt er, »ist der beste Trick, den das Hirn je erfunden hat.«

SCHÖPFER
MENSCH

Schlacht um die Gene

Zu siegen ist für Craig Venter Programm. Als Junge stürzte er sich auf dem Surfbrett von den Wogen an den Stränden Kaliforniens; dass miserable Zensuren ihn beinahe den High-School-Abschluss gekostet hätten, kümmerte ihn wenig. Später trainierte er als Schwimmer für die Olympischen Spiele. Bis in die amerikanischen Nationalmannschaft hatte er es gebracht, als der Vietnamkrieg begann und Venter einrücken musste. Dann erst entschied er sich für das Studium der Biologie und wurde Wissenschaftler an der US-Gesundheitsbehörde NIH.

Sein Kampfgeist ist ihm in all den Laborjahren erhalten geblieben – Venter hat sich nur neue Schlachtfelder gesucht. Nun besitzt er biotechnologische Patente, hat es durch deren Verwertung zum Multimillionär gebracht, kommandiert eine Segeljacht namens »Sorcerer« (»Zauberer«) und fährt damit auf transatlantischen Regatten allen davon.

Als ob ihm auch das nicht genügte, fordert der Wissenschaftler, inzwischen jenseits der Fünfzig, zu weiterem Wettkampf mit ungleich weiter reichenden Folgen heraus. Hunderten von Kollegen an 50 Instituten weltweit hat er im Frühjahr 1998 den Fehdehandschuh hingeworfen. Binnen drei Jahren nur, so kündigte Venter an, werde er vollenden, womit sich die Elite der Genforscher seit über einem Jahrzehnt mühte: Im Alleingang werde er das menschliche Erbgut entschlüsseln.[1]

Er hat sein Ziel noch früher erreicht als versprochen. Schon im Dezember 1999 war das Rennen so gut wie entschieden. Denn rasend schnell hatte Venter den Testlauf vollendet – das Genom der

Fruchtfliege war dechiffriert. Nur vier Monate später, am 6. April 2000, trat er vor den amerikanischen Kongress: Celera, seine eigens zu diesem Zweck gegründete Firma, habe sich in den Besitz der gesamten Erbinformation eines Mannes gebracht. Wer diese Versuchsperson war, hielt Venter geheim.

Dieses Vorhaben ist ein Wendepunkt der Naturgeschichte. Denn die Gene sind das Baumaterial, mit dem der Mensch selbst Schöpfer des Lebens werden kann. Zwar nimmt der Homo sapiens auf die Evolution Einfluss, seit er sein Jägerdasein aufgegeben hat und sich als Bauer betätigt: Durch Kreuzung von Pflanzen und Zucht von Nutztieren setzte er neue Formen des Lebens in die Welt. Aber fast immer führten Glückstreffer zu Erfolgsorganismen wie der Cabernet-Sauvignon-Traube oder dem Hausschwein.

Erst das heutige Wissen über die molekularen Vorgänge bei der Vererbung hat es möglich gemacht, zielgenau das Spiel des Lebens zu manipulieren. An Bakterien, Maispflanzen, Ratten gelingt es längst, die Wirkung von Genen chemisch an- und auszuschalten oder neue Gene ins Erbgut einzubauen. Und immer ist genaue Kenntnis der Gene die Grundlage dieser Experimente. Würde der Mensch also erst all seine eigenen Gene und ihre Funktionen kennen und könnte er sie verändern, so wäre das Diktat der Darwinschen Evolution für ihn gebrochen. Zum ersten Mal nähme eine Art ihr genetisches Schicksal selbst in die Hand.

Der Bauplan des Menschen besteht aus ungefähr 80 000 Genen. Von 5 000 war schon vor Venters Erfolgsmeldung bekannt, welche Funktionen sie im Körper haben. Sie geben den Ärzten wesentliche Informationen preis. Die Anlagen für Erbkrankheiten wie manche Formen von Brustkrebs sind darunter; die Bauanleitungen für lebenswichtige Stoffe wie Blutgerinnungsfaktoren, Wachstumshormone und Insulin.

Doch das ist noch nichts, gemessen an dem, was noch kommen wird. Weil Gene die Entwicklung eines Embryos ebenso steuern wie das Altern und den Tod, ergäben sich fast unvollstellbare Möglichkeiten, wäre erst das Regelwerk des Lebens im Kern jeder Zelle vollständig verstanden.

Ärzte könnten womöglich das Leben verlängern, das Gedächtnis verbessern und Krankheiten wie Krebs oder Alzheimer besiegen. Und weil der Forscher und Geschäftsmann Venter auch noch ein begnadeter Selbstdarsteller ist, spart er nicht mit wohlklingenden Prognosen: »Irgendwann dürfte es keine Krankheiten mehr geben.« Und nicht genug, dass die Medizin revolutioniert werden würde – sein Projekt werde das Selbstverständnis der Menschheit verändern. »Das Ende des Unwissens« sieht er heraufdämmern.

»Einmal«, erzählt er, »hat man mich in einem Gremium berühmter Leute gefragt: ›Dr. Venter, wir schreiben das Jahr 3000, Sie schauen zurück auf Ihre Forschung, auf deren Auswirkungen auf die Gesellschaft – wie würden Sie urteilen?‹ Ich antwortete: ›Was, das Jahr 3000? Und ich bin immer noch am Leben? Dann muss ich ja einen ungeheuerlichen Erfolg gehabt haben!‹«[2]

Doch wer Venter als einen Münchhausen der Biologie abtut, macht es sich zu leicht. Die Genetik kann die menschliche Lebensspanne verlängern, indem sie die Medizin verbessert. So wird die Behandlung mancher Krankheiten irgendwann überflüssig sein: Ist erst bekannt, welche Erbanlagen bestimmte Leiden begünstigen, könnten Patienten durch Veränderung ihrer Lebensgewohnheiten und Ärzte durch die Reparatur der Gene gegensteuern. »Binnen einer Generation«, prophezeit der amerikanische Biotechnik-Fachmann Leigh Thompson, werde die Genforschung »das Leben auf der Erde völlig umkrempeln.«

In diese Zukunft will der Molekularbiologe Venter der Medizin den Weg ebnen – ein Vorhaben von der Größenordnung der Mondlandungen, wie er behauptet. Die Entschlüsselung des gesamten Erbguts war dabei nur der erste Schritt, und schon diesen hatte Venter wie einen Feldzug geplant. In der Nähe von Washington, D. C., hatte er seine Firma gegründet, Celera Genomics, die ausschließlich das Erbgut des Homo sapiens erforschen und vermarkten soll. Er hatte 230 Maschinen bestellt, die Geninformationen mit Hilfe von Laserstrahlen lesen sollen, zehnmal schneller als alle bekannten Geräte. Und er hatte einen zahlungskräftigen Partner gefunden, den Laborgerätehersteller Perkin-Elmer, der ihm auch die Leseroboter lieferte, die das Erbgut entziffern.

Seine hehren Motive jedoch kaufen ihm viele nicht ab. Unter den Wissenschaftlern wächst die Sorge, dass Venter ein Bill Gates der Gentechnik wird, der sich ein Monopol auf die Software des Lebens verschaffen will. Nobelpreisträger James Dewey Watson, der Entdecker der Erbsubstanz, um deftige Kommentare selten verlegen, beschimpfte ihn im engeren Kreis seiner Kollegen angeblich sogar als »Hitler der Gene«.

Jedenfalls steht zu befürchten, dass eine Ballung von – durch Patente geschütztem – Wissen über das Erbgut dem, der es hat, weit reichende Macht verleiht: Kein anderer kann dann an den Patenten vorbei, wenn er Geninformationen etwa zur Bekämpfung von Krankheiten oder zur Entwicklung von Heilmitteln nutzen will.[3]

Die Entdeckungen im Erbgut, so erklärte der Harvard-Ökonom Juan Enríquez, »werden die Weltwirtschaft verändern«. Denn Gene sind zum kostbaren Rohstoff geworden, der die Fortschritte der Pharmaindustrie vorantreibt. Wenn jede einzelne der großen Pharmafirmen, wie in den vergangenen Jahren üblich, ständig an 50 bis 60 neuen Medikamenten arbeitet und wenn auch nur ein Teil davon künftig auf dem Wissen über das menschliche Erbgut beruht, dann wird das allein im nächsten Jahrzehnt Hunderte von Milliarden Dollar bringen, schätzt Venter selbst. »Meine Ideen sind unbezahlbar«, brüstet er sich. »Es ist möglich geworden, Wissenschaftler zu sein und zugleich sehr reich.«

Tatsächlich vereint er wie kaum ein anderer Forscherdrang und Profitstreben in einer Person. In seinem Büro voll Mahagoni, edlen Teppichen und Schiffsmodellen doziert er über ein neues Bild der Evolution, das aus der Genomforschung hervorgehen werde; im Privatjet reist er zu Konferenzen über die Medizin der Zukunft. Selbst seine Jacht, behauptet er, stehe im Dienst der Wissenschaft – auf See kämen ihm die besten Ideen.

Wem diese zuallererst nützen sollen, daran ließ Venter gar keinen Zweifel: »Dies ist kein Akt der Nächstenliebe«, sagte er über sein Vorhaben. »Es ist Business, Geschäft an vorderster Front von Forschung und Medizin.« Doch als Geschäftsmann betätige er sich eben auch deswegen, weil er die Wissenschaft voranbringen wolle. Natürlich hätte er die 300 Millionen Dollar, die er für die

Entschlüsselung des menschlichen Erbguts veranschlagt hat, auch als Fördergelder bei der Regierung beantragen können – »aber meine Chancen wären gleich Null gewesen«. So etwas sei nur mit Privatkapital zu schaffen gewesen.

So hatte Venter, der Entrepreneur des Erbguts, es innerhalb von zehn Jahren vom unbekannten Forscher in den Labors der amerikanischen Gesundheitsbehörde NIH zum vielleicht einflussreichsten Mann der Genforschung gebracht. Schon ehe er seine Firma Celera Genomics gründete, hatte er in seinem Privatinstitut TIGR (The Institute of Genomic Research) die Gensuche industrialisiert. Dutzende Roboter stehen dort aufgereiht in den Laborhallen; rund um die Uhr lesen sie Erbgut. Hilfskräfte beschicken die Maschinen Tag und Nacht mit Ampullen – Glasröhrchen, in denen die Gene von Pockenviren, Malariaerregern, Reis, Zebrafischen, Mäusen und Menschen schwimmen. Am liebsten würde Venter die Baupläne der ganzen Schöpfung in seinen Computern speichern.

Er träumt von einer Zeit, »in der die Kreaturen keine Geheimnisse mehr haben«. Heute schon hat er das Erbgut von fast so vielen Organismen erfasst wie alle anderen Forscher der Welt zusammen: die DNS des Magengeschwür-Bakteriums Helicobacter und des Syphilis-Erregers, die Gene von Mikroben, die in Quellen auf dem Ozeangrund treiben. Bald, hofft er, werden die Wissenschaftler diese Geschöpfe bis ins letzte Detail verstanden haben: »Wir betrachten die Lebewesen von innen heraus.«

Tatsächlich könnte ein solcher Perspektivwechsel beim Blick auf das Leben langfristig mindestens so bedeutsam sein wie der gesamte medizinische Nutzen des Genom-Projekts. Denn durch die Entschlüsselung der Gene wandelt sich die Biologie von einer Wissenschaft, die traditionell vor allem Lebewesen beschrieb, zu einer Disziplin, welche die Zusammenhänge im Reich des Lebens ergründet.

Erschüttert wird so das Bild vom Menschen als einem Individuum, das quasi außerhalb der Natur existiert, dem viele noch anhängen. Nach dem Lesen des menschlichen Erbguts ist Letter für Letter im genetischen Alphabet zu beweisen, dass alle Menschen zu 99,998 Prozent identisch und dass die Unterschiede trotzdem bedeutend sind.

Anderseits kann das Genom-Projekt bis ins letzte Detail den Beleg liefern, wie viel der Homo sapiens mit allen anderen Geschöpfen der Erde gemeinsam hat. Heute schon haben Molekularbiologen dieselben Gene im Menschen, in Pilzen und sogar Amöben gefunden. Ist das gemeinsame Erbgut aller Lebewesen erst einmal vollständig erfasst, wird das Riesenmolekül Desoxyribonukleinsäure, DNS, die Erbsubstanz, unangefochten als der Kern allen Lebens gelten.

Systematisch wird dann jede Kreatur zurückgeführt sein auf ein ganz einfaches Prinzip: Gewunden zu einer Doppelspirale, ist die DNS aus nur vier verschiedenen chemischen Informationsträgern zusammengebaut, den Nukleinsäuren Adenin, Guanin, Thymin und Cytosin, abgekürzt mit den Buchstaben A, G, T und C. Dies sind die Lettern, die sich im Erbgut zu Wörtern und Sätzen zusammenfügen – den Genen. In ihnen ist der Bauplan für die Eiweiße kodiert, die in allen Geschöpfen die Lebensprozesse steuern (siehe Grafik).

So ist es den Genom-Entschlüsslern schon immer darum gegangen, die Folge der As, Gs, Ts und Cs in der Erbsubstanz zu erfassen und ihre Bedeutung zu verstehen. Doch als Craig Venter vor gut zehn Jahren mit der Genom-Forschung begann, war die Entschlüsselung des Erbguts noch ein Unterfangen, das den akade-

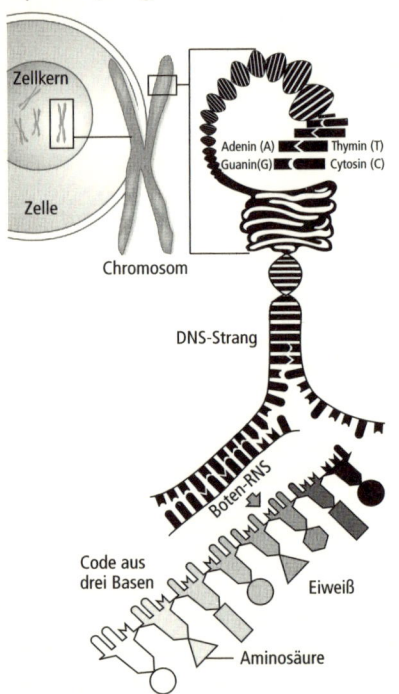

Aufbau und Funktionsweise des Genoms

Zellkern

Zelle

Chromosom

Adenin (A)   Thymin (T)
Guanin (G)   Cytosin (C)

DNS-Strang

Boten-RNS

Code aus
drei Basen

Eiweiß

Aminosäure

mischen Gelehrten vorbehalten schien. Die Industrie interessierte sich kaum dafür.

Den Regierungen der USA und Großbritanniens, Deutschlands, Frankreichs und Japans allerdings war das Wissen über das Humangenom, wie die Forscher die Gesamtheit aller Erbinformationen des Menschen nennen, drei Milliarden Dollar wert. So viel haben sie Houston, Cambridge, Tokio, Paris, Jena und zehn anderen Städten zugesprochen, die sich in der internationalen Human Genome Organization (Hugo) zusammengeschlossen haben.

Hunderte Wissenschaftler haben im losen Verbund die Erforschung der Chromosomen des Homo sapiens unter sich aufgeteilt. Innerhalb von 15 Jahren, so die ursprüngliche Planung, wollte der weltumspannende Wissenschaftlerclub die Botschaften im Zellkern entschlüsselt haben. Zugleich versprachen die staatlich geförderten Forscher, das von ihnen gesammelte Wissen über die Gene der ganzen Welt zur Verfügung zu stellen.

Die schier endlose Folge von Molekülen zu lesen, aus denen die menschliche Erbsubstanz aufgebaut ist, erschien damals als eine kaum lösbare Titanenarbeit. Dieses Vorhaben mutet an wie der Versuch, eine unbekannte Sprache zu lernen, ist aber weit komplizierter. Denn es sind nicht nur fast unendlich viele Kombinationen aus den vier Buchstaben des Erbalphabets möglich, wer im Buch des Lebens lesen will, steht zudem vor dem Dilemma, dass die Erbinformationen zwischen Ketten aus Millionen As, Cs, Gs und Ts verstreut sind, die zumindest nach heutigem Wissen an den Prozessen im Körper gar keinen Anteil haben. Die aktiven Gene verbergen sich deshalb wie Geheimbotschaften in einem Meer von Datenmüll.

Um in diesem Wust den Überblick zu bewahren, gingen die Hugo-Forscher in zwei Schritten vor. Zunächst »kartierten« sie das Erbgut: Sie suchten wieder erkennbare Markierungen im genetischen Hieroglyphentext. Auf diese Weise gliederten sie die Chromosomen in Tausende von Abschnitten, die jeder für sich relativ leicht zu bewältigen waren – denn kein Labor der Welt, so glaubten sie, könne die drei Milliarden Lettern der DNS auf einmal von Anfang bis Ende lesen.

Doch das Geschäft, Ordnung im Genom zu schaffen, entpuppte sich als noch viel schwieriger als gedacht – die Hugo-Forscher fielen hinter ihre Pläne zurück. »Mir wird manchmal Angst und Bange, wenn ich daran denke, was wir uns da vorgenommen haben«, klagte der Jenaer Forscher André Rosenthal im Frühjahr 1998, zur Halbzeit des Hugo-Projekts.

Venter hingegen, anfangs noch Mitglied im Hugo-Bündnis, hatte sich schon früh auf rebellische Wege gemacht. Schon 1987, als seine Kollegen noch damit beschäftigt waren, auf Konferenzen ihr Mammutvorhaben zu organisieren, trumpfte er auf: Er experimentierte mit einer Maschine, mit der er das Genlesen automatisieren und auf eigene Faust vorantreiben konnte.

Er beantragte zehn Millionen Dollar vom Staat, doch die bekam er nicht. Deshalb sammelte er Privatkapital und gründete 1992 sein TIGR-Institut. Dort verfolgte er eine Strategie, die alle herrschende Logik auf den Kopf zu stellen schien. Venter hielt sich mit der mühsamen Kartierung gar nicht erst auf. Stattdessen verfolgte er eine andere Strategie – nach seiner Auffassung der Königsweg zur Erbinformation.

Zunächst begann er, wahllos nach Bruchstücken von Genen zu fischen. Schon 1995 veröffentlichte Venter eine Kostprobe aus seiner Kollektion. Sie bot eine, wenngleich noch vage Vorstellung davon, wie viele Gene in den Organen des Menschen wirken. Der zweite Schritt war herauszufinden, wozu genau diese Gene im Körper dienen. Dabei kam Venter die Erkenntnis zugute, dass die genetischen Übereinstimmungen selbst zwischen Bakterien und Mensch überwältigend sind. So konnte er seine Datenbanken einsetzten, in denen er das Erbgut einer Vielzahl simpler Organismen bereits erfasst hatte, und Vergleiche ziehen.

Seine Angestellten hatten zum Beispiel im menschlichen Erbgut Gene gefunden, die aus der Hefe und aus einem Bakterium bekannt waren. Dort dienen sie dazu, Erbsubstanz zu reparieren. Venter vermutete, dass sie im Menschen dasselbe tun könnten, was etwa im Darm wichtig ist, wo Gifte ständig die Chromosomen angreifen. Die Hypothese war also, dass sich Darmkrebs entwickeln kann, wenn eines dieser Reparaturgene ausfällt. An man-

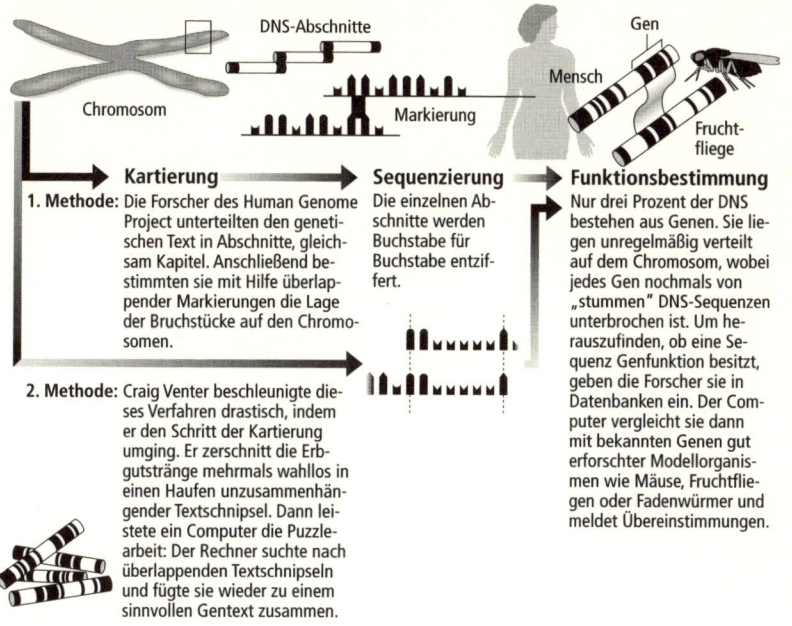

Kartierung

1. Methode: Die Forscher des Human Genome Project unterteilten den genetischen Text in Abschnitte, gleichsam Kapitel. Anschließend bestimmten sie mit Hilfe überlappender Markierungen die Lage der Bruchstücke auf den Chromosomen.

2. Methode: Craig Venter beschleunigte dieses Verfahren drastisch, indem er den Schritt der Kartierung umging. Er zerschnitt die Erbgutstränge mehrmals wahllos in einen Haufen unzusammenhängender Textschnipsel. Dann leistete ein Computer die Puzzlearbeit: Der Rechner suchte nach überlappenden Textschnipseln und fügte sie wieder zu einem sinnvollen Gentext zusammen.

Sequenzierung

Die einzelnen Abschnitte werden Buchstabe für Buchstabe entziffert.

Funktionsbestimmung

Nur drei Prozent der DNS bestehen aus Genen. Sie liegen unregelmäßig verteilt auf dem Chromosom, wobei jedes Gen nochmals von „stummen" DNS-Sequenzen unterbrochen ist. Um herauszufinden, ob eine Sequenz Genfunktion besitzt, geben die Forscher sie in Datenbanken ein. Der Computer vergleicht sie dann mit bekannten Genen gut erforschter Modellorganismen wie Mäuse, Fruchtfliegen oder Fadenwürmer und meldet Übereinstimmungen.

chen Darmkrebspatienten wurde dann festgestellt, dass diese tatsächlich einen solchen Gendefekt haben.

Mit dieser Methode – massiver Computereinsatz und Analogieschlüsse zu anderen Lebewesen – ging Venter nun mit seiner neuen Firma daran, das gesamte menschliche Erbgut zu lesen. Die Roboter von Perkin-Elmer halfen dabei, diesen Gewaltakt zu vollbringen. Bevor allerdings das Erbgut eines Menschen in diese Maschinen eingespeist wurde, vervielfältigten Laboranten es und zerteilten die identischen Erbmoleküle dann durch chemische Prozesse wahllos in winzige Stücke. So wurde das vielfach kopierte Genom eines einzigen Menschen jeweils an verschiedenen Stellen in rund 60 Millionen Wortfetzen zerissen. Jede Sequenz fand sich auf vielen Bruchstücken, die sich nur darin unterschieden, an welcher Stelle sie aus dem ursprünglichen Genom herausgeschnitten worden waren (siehe Grafik). Die Lesegeräte erkannten diese Überlappungen und fügten daraus wieder fortlaufenden Erbtext zusammen – gleich einem gigantischen Puzzle.

Mit diesem Triumph Venters aber ist die Genomforschung noch lange nicht am Ziel. Denn zunächst liest sich die Abfolge der Nukleinsäuren im menschlichen Erbgut, die Venter nun kennt, nur wie eine schier endlose Reihe von Buchstaben ohne Bedeutung: AC-CAGTTAG ... . Wofür diese Sequenz steht, gilt es noch herauszufinden. Teils kann dies durch Vergleiche mit den bereits bekannten Genomen einfacherer Lebewesen geschehen. Wollen Forscher allerdings die Schlüsselgene für höhere Funktionen, etwa die der Nerven, verstehen, brauchen sie zum Vergleich weit mehr Daten aus dem Tierreich, als die bisherigen Experimente mit simplen Kreaturen liefern – Erbinformationen für das Gehirn geben Bakteriengenome nicht her. Deswegen begann Vener sofort nach der Fertigstellung des Menschen-Genoms damit, das Erbgut der Maus zu entschlüsseln; deswegen hatte er sich vorher schon erfolgreich um die Gene der Fruchtfliege bemüht – in Zusammenarbeit mit ausgesuchten Universitätsforschern. Schon früh legte er seinen Konkurrenten vom Hugo-Projekt nahe, vom menschlichen Erbgut abzulassen und sich nur noch um die Gene der Tiere zu kümmern. So, argumentierte er, könnten die Kollegen an den Universitäten am meisten zum großen Werk beitragen, denn auf das menschliche Genom würde ohnehin er, Venter, das Vorrecht haben.

Für die wissenschaftliche Gemeinschaft bedeutete das einen Affront. Als erstes reagierte das englische Sanger Centre: Der Etat des größten europäischen Genom-Labors wurde von der britischen Forschungsstiftung Wellcome Trust verdoppelt. Keinesfalls werde man Venter das Terrain kampflos überlassen, erklärt der zuständige Michael Morgan: »Es wäre Wahnsinn, würde das Erbgut der Menschheit einer Privatfirma gehören.«

Das Konsortium änderte seine Pläne: Möglichst schnell wollten nun auch die akademischen Forscher wenigstens den größeren Teil des Erbguts entziffert haben. Zwar gewannen sie den Wettlauf um die Entschlüsselung des ersten Chromosoms – Ende November 1999 präsentierte das Hugo-Konsortium die vollständige Sequenz des menschlichen Chromosoms 22 –, doch Venters Vorsprung beim Lesen des gesamten Erbguts war nicht mehr aufzuholen. Als dieser seinen Erfolg verkündete, konnten die Hugo-Foscher nur, wie sie sich ausdrückten, eine »Skizze« der Erbinformation in Aussicht stellen. So blieb ihnen zu Recht anzumerken, dass Venter sich auch ihrer Ergebnisse bedient und diese in seine Genkarte eingefügt habe.

Am Ergebnis werden solche Hinweise nichts ändern: Das Erbgut des Menschen ist Gegenstand kommerzieller Verwertung geworden. Dabei den größtmöglichen Gewinn zu erreichen ist das Ziel von Unternehmen wie Incyte Pharmaceuticals, bei dem im kalifornischen Silicon Valley die größten Gendatenbanken der Welt betrieben werden. Nacht für Nacht laden die Incyte-Computer neue Geninformationen des öffentlichen Hugo-Konsortiums aus dem Internet herunter, um erfolgversprechende Sequenzen möglichst schnell zum Patent anzumelden.

Anders als Venter, der nicht nur reich werden, sondern auch als Forscher in die Geschichte eingehen will, geht es den Incyte-Managern nur um Eines: Unverhohlen gibt Geschäftsführer Roy Whitfield zu, dass er so schnell wie möglich »die gesamte wirtschaftlich relevante Information« abfischen und meistbietend verkaufen will.

Die Verwertung der Gene sei bereits jetzt »ein industrieller Prozess«, meint Whitfield, und habe »mit Wissenschaft nichts mehr zu tun«. Der Krieg um die Gene ist damit auch Symptom eines tiefgreifenden Wandels im Verständnis von Wissenschaft: Erkenntnisdrang, jahrtausendelang alleinige Triebkraft menschlichen Forschens, reicht als Impetus nicht mehr aus. Wer aufwändige Grundlagenforschung betreiben will, hat nach diesem neuen Begriff von Wissenschaft nur dann gute Karten, wenn er gleichzeitig eine Produktidee anbietet. Also bringt sich Venter in den Besitz einer Ware, die er verkaufen kann: Bio-Information. Gegen eine hohe Eintrittsgebühr öffnet er Pharmakonzernen die Pforten seines Datenschatzes.

Diese streng gehüteten Verzeichnisse verschafften ihm ein Wissensmonopol: Wer nicht mit seiner Firma Celera zusammenarbeitet, bleibt im Zukunftsgeschäft der Gene außen vor.

Die noch lückenhaften Datenbanken sind nur der erste Schritt auf diesem Weg. Zum allmächtigen Monopolisten über Teile des

Erbguts wird erst, wer sich die Alleinrechte darauf sichert, geschützt durch Patente. Wie sich derartige Schutzrechte auswirken, zeigt das Beispiel der Firma Myriad Genetics. Dieses amerikanische Unternehmen hält das Patent auf das Krebsgen BRCA 1, das bei fünf Prozent aller Brustkrebsfälle eine Rolle spielt. Wer beispielsweise, ausgehend von diesem Abschnitt der DNS, ein Diagnoseverfahren für Mammakarzinome entwickeln möchte, muss beim Patentinhaber um eine Lizenz nachsuchen und, sofern er sie erhält, Gebühren dafür zahlen.

Venter beteuerte zwar, er werde »der Öffentlichkeit das Genom gratis zur Verfügung stellen«, und zieh seine Kritiker des Undanks: »Nörgeln ist alles, was sie tun.« Venters Kompagnon Tony White aber, der als Chef von Perkin-Elmer das ganze Unternehmen finanziert, schien den Skeptikern stets Recht zu geben: »Das Wichtigste ist, dass unsere Aktionäre etwas davon haben.« Nun sollen immerhin die Universitäten für das relativ geringe Eintrittsgeld von 15 000 Dollar pro Jahr in Celeras Datenbanken Zugang bekommen.

Venter macht all seine Erkenntnisse erst drei Monate nach ihrer Entdeckung publik. Daher mutmaßen seine Gegner, er picke in dieser Zeit die Rosinen aus dem Datenchaos heraus, melde viel versprechende Gene zum Patent an und speise den Rest der Welt mit schier endlosen, aber vergleichsweise uninteressanten DNS-Sequenzen ab.

»Im Prinzip widersprechen sich die Ziele, alle Daten zu veröffentlichen und gleichzeitig Geld zu verdienen«, gab auch Craig Venter zu. »Deswegen werden wir nur 100 bis 300 Gene patentieren.« Doch seine Gegner beruhigte das wenig. »Woher wollen wir wissen, dass er sich damit zufrieden gibt?«, fragt der Genomexperte John Sulston vom britischen Sanger Centre.

Die Hugo-Forscher hatten sich demgegenüber schon früh verpflichtet, ihre Fortschritte jeweils umgehend in öffentliche Datenbanken einzuspeisen. Doch selbst unter ihnen besteht keineswegs Einigkeit über dieses hehre Prinzip. So verzichteten acht deutsche Pharmafirmen, die Hugo in Deutschland mit 1,2 Millionen Mark jährlich unterstützen, erst nach heftigem Widerstand darauf, neue

Daten drei Monate lang unter Ausschluss der Öffentlichkeit auf
Verwertbares abzuklopfen.

Darf sich ein Forscher wirklich Gene aneignen und damit Teile
des menschlichen Körpers, die nicht er, sondern die Evolution vor
einigen hunderttausend Jahren erfunden hat? Venter beruft sich
darauf, dass gentechnisch hergestelltes Menscheninsulin etwa Di-
abetikern sehr zugute komme; das Gen dafür haben die Firmen
Genentec und Eli Lilly isoliert und ein Patent darauf angemeldet.
Wenn die Unternehmen nicht dadurch das Recht hätten, mit Insulin als Medikament Geld zu verdienen, hätten sie die Forschung
wohl kaum geleistet. Sicher hätte der Medizin dann künstliches
Menscheninsulin erst viele Jahre später zur Verfügung gestanden.
Ihm, Venter, gehe es ebenfalls darum, die Medizin weiterzubrin-
gen. Außerdem müsse er die Investitionen in sein Vorhaben wieder hereinwirtschaften.

Zu welch absurden Konflikten die Ausschlachtung des Erbguts
aber führen kann, zeigt das Beispiel von John Moore, Ölarbeiter
aus Alaska und erster in Teilen patentierter Mensch der Welt.
1976 ließ sich der leukämiekranke Moore an der University of
California behandeln, wo seine durch den Krebs ungeheuer ange-
schwollene Milz herausgeschnitten wurde.

In diesem Organ entdeckte Moores Arzt weiße Blutkörperchen,
die ungewöhnlich potente Immunstoffe produzierten. Eine Kultur
der wehrhaften Zellen namens »Mo line« ließ die Universität 1984
patentieren und verkaufte sie für 1,7 Millionen Dollar an eine Biotech-Firma. »Man hat meinen Körper als Goldmine missbraucht«,
empörte sich der genesene Moore, der mit einer kleinen Vergütung
abgespeist werden sollte: »Ich wurde abgeerntet.«

Moores Klage auf Gewinnbeteiligung war nur zum Teil erfolgreich. Der California Supreme Court sprach ihm kein Recht auf
Vermarktung der eigenen Milz zu; der Arzt sei jedoch der Verletzung seiner Informationspflicht schuldig, weil er Moore nicht
über den potenziellen Wert seiner Blutzellen aufgeklärt habe.

Inzwischen ist die Patentierung von Leben, auch von Zellen und
Genen des Menschen, zur etablierten Praxis geworden. 1 500 Abschnitte des menschlichen Erbguts sind weltweit schon patentge-

schützt. Nach einer Richtlinie der Europäischen Union etwa gilt ein DNS-Abschnitt als patentwürdig, wenn der Entdecker die Funktion des Gens kennt, irgendein technisches Verfahren als juristisches Alibi mitliefert und sagt, wozu sein Fund dienen könnte. Die Regelung soll verhindern, dass sich Glücksritter beliebige Erbgutschnipsel schützen lassen – in der Hoffnung, sie könnten sich als Teil eines profitablen Gens entpuppen.

Die Befürworter solcher Verordnungen erklären, diese Patente behinderten die Wissenschaft keineswegs, denn zu Forschungszwecken dürfe sich jeder auch patentgeschützter Gene kostenlos bedienen. Im Gegenteil: Das Patentrecht fördere die Veröffentlichung neuer Genfunde sogar. Könnten sich die Entdecker nicht ihr Eigentum sichern, so würden sie sich aus Angst vor Ideenraub jahrelang hinter ihren Labortüren verschanzen.

Forscher, die noch immer darauf pochten, der genetische Bauplan des Menschen müsse Allgemeingut sein, wurden von der Realität überholt. 350 Anträge zur Patentierung von jeweils etwa 500 000 Erbgutsequenzen aller möglichen Organismen stapeln sich beim US-amerikanischen Patent and Trademark Office; 200 Prüfer werden ein Jahr brauchen, die Akten abzuarbeiten – Unterlagen, in welche die Industrie größte Hoffnungen setzt.

»Genomics«, die Erforschung des Erbguts von Keim und Kraut, Tier und Mensch, steht im Zentrum einer boomenden Branche. Weltumspannende Konzerne wie Monsanto, Hoechst und DuPont wenden sich zunehmend von ihrem klassischen Chemiegeschäft ab und mutieren zu Life-Science-Unternehmen, die dort operieren, wo sich Chemie, Landwirtschaft und Pharmaindustrie überschneiden.

Alle Akteure suchen nach Partnern bei der Genjagd oder investieren kräftig, um Forschungsabteilungen unter dem eigenen Dach aufzubauen. Der Schweizer Branchenriese Novartis ließ sich ein Genomics-Institut 440 Millionen Mark kosten; Hoechst Marion Roussel gibt pro Jahr 50 Millionen Mark für Genomforschung aus. 1993 zahlte der britische Konzern SmithKline Beecham der Firma Human Genome Sciences 200 Millionen Mark für die Einsicht in deren Datenbanken – der bis dahin größte Deal mit dem menschlichen Erbgut.

Wie Goldgräber dem einen großen Nugget entgegenfiebern, so hoffen auch die Life-Science-Firmen auf das Gen, das ihnen Millionengewinne beschert. Ihr Vorbild ist die amerikanische Firma Amgen, die als kleine Biotech-Firma begann, sich das Gen für den Blut bildenden Botenstoff Erythropoetin sicherte und inzwischen mit diesem Stoff 1,5 Milliarden Dollar Umsatz im Jahr erzielt. Damit ist das Mittel, von dem vor allem Nierenkranke profitieren, das aber auch Tour-de-France-Profis als Dopingmittel dient, eines der umsatzstärksten Medikamente überhaupt.

Andere, ähnlich profitable Substanzen sind das gentechnisch produzierte Humaninsulin oder der Blutgerinnungsfaktor VIII und die zur Krebsbehandlung eingesetzten Interferone. Und je mehr die Genforscher auf Bauanleitungen für immer neue therapeutisch interessante Eiweiße stoßen, je tiefer sie in das Gefüge der Zelle blicken, umso mehr beginnen sie, von immer raffinierteren Eingriffen ins Regelwerk der Natur zu träumen.

Nicht mehr körpereigene Stoffe – wie Insulin oder Erythropoetin – sollen künftig heilen, sondern kleine, maßgeschneiderte Moleküle, die Enzyme gezielt blockieren oder an bestimmte Proteine binden. Doch nur wenn sie diese Proteine und ihre Gene kennen, können die Forscher Wunderpillen daraus entwickeln.

Die Herstellung solcher Kunstmoleküle hält Norbert Riedel, Biotechnik-Chef von Hoechst Marion Roussel, für das neue Standbein der molekularen Medizin – neben der Gentherapie und den heilenden Eiweißen. Erste Produkte aus dieser Baureihe werden in den neuen Kombitherapien gegen Aids eingesetzt.

Wenn es darum geht, Gene in Geld umzuwandeln, scheinen der Phantasie kaum Grenzen gesetzt. Selbstironisch sagt Harry Meade, Vizepräsident der Firma Genzyme Transgenics in Massachusetts: »Als ich Biologie studierte, hätte ich nie gedacht, dass ich einmal Ziegen hüten würde.« Inzwischen besitzt Genzyme 500 Muttertiere, einige davon mit fremden Genen. Sie spenden mit ihrer Milch kostbare menschliche Eiweiße wie Antithrombin, ein Mittel gegen Blutgerinnsel. In klinischen Tests prüft Genzyme derzeit die Wirksamkeit der Substanz.

»Pharming« heißen solche Unternehmungen im Grenzbereich

von Landwirtschaft und Pharmaherstellung. Kreative Forscher versprechen sich von diesem Ansatz schier Unglaubliches: Impf-Bananen gegen Gelbsucht, wahlweise Avocados zum Schutz vor Tollwut oder Tabakblätter, in denen Antikörper gegen Kariesbakterien wachsen – als Zahnpastazusatz.

Von derlei Visionen lässt sich die Branche mitreißen, in der einzelne Forscher und ganze Konzerne einstweilen auf vage Hoffnungen mindestens ebenso bauen wie auf gesichertes Wissen. So formiert sich ein ganz neuer Industriezweig: die Softwarebranche der Biologie. Allerdings werden, weil das Zusammenwirken der Gene bisher nur wenig verstanden ist, die überschäumenden Erwartungen häufig enttäuscht – das musste selbst das Erfolgsunternehmen Amgen erfahren. 20 Millionen Dollar investierte die Firma in ein Gen für das Sättigungshormon Leptin, um ein Medikament gegen Fettsucht zu entwickeln. Aber der Signalstoff versagte in klinischen Studien, die Forscher hatten Wechselwirkungen mit zahlreichen anderen Botenstoffen nicht bedacht.

Im komplizierten Gleichgewicht des menschlichen Stoffwechsels ist der Grund dafür zu suchen, dass die Genforschung ihre Verheißungen nicht schon längst eingelöst hat. Auch wenn ein gutes Dutzend gentechnisch hergestellter Medikamente Verkaufserfolge erzielte – seit Jahrzehnten versprechen die Visionäre der Medizin weit Größeres. Schon kurz nachdem Francis Crick und James Watson im Jahr 1953 die chemische Struktur der Erbsubstanz DNS aufgeklärt hatten, war zum ersten Mal die Rede davon, erblich bedingte Krankheiten nicht mehr an ihren Symptomen zu behandeln, sondern an ihrer Wurzel zu packen. Gelänge es nur, mit der Kenntnis des Erbguts krank machende Gene chemisch umzubauen oder auch nur in ihrer Wirkung zu hindern, hätten die Ärzte alle Mittel dazu.

Die Liste von Genen, die seit geraumer Zeit als Krankheitsverursacher bekannt sind, ist lang. Darunter sind Krebsgene und andere, die frühzeitiges Altern hervorrufen; Gene für den grauen Star ebenso wie solche, die bei der Bluterkrankheit eine Rolle spielen. Trotzdem gibt es bis heute im medizinischen Alltag keine einzige Gentherapie.

Die Genforschung selbst zeigt, warum so viele Wissenschaftler, die auf sie hofften, scheitern mussten: Je tiefer die Forscher in die Rätsel des Erbguts eindringen, desto verwickelter erscheinen diese. Je mehr Wissen die Molekuarbiologen anhäufen, desto weniger nützt es ihnen.

300 Gene, so viel ist heute bekannt, wirken allein an der Regelung des Blutdrucks mit. Wahrscheinlich aber sind es noch viel mehr; eine Gentherapie gegen das verbreitete Leiden Bluthochdruck steht damit in weiter Ferne. Ob Rheumatismus, Arteriosklerose oder Krebs – alle Volkskrankheiten haben sich als viel schwieriger zu erklären herausgestellt als noch vor wenigen Jahren erhofft.

Selbst bei sehr seltenen Gebrechen, bei denen eine Veränderung eines einzigen Moleküls im Erbgut als Krankheitsursache feststeht, haben die Gentherapeuten ihr Debakel erlebt. Jahrelang hatten die Wissenschaftler gehofft, auf solchem Weg eine Abhilfe gegen die zystische Fibrose zu finden – bis sich herausstellte, dass 700 verschiedene Mutationen dieses einen Gens die Krankheit auslösen können. Mehr noch: Ein und dieselbe Mutation kann bei verschiedenen Patienten auch noch zu unterschiedlichem Krankheitsverlauf führen – von leichter Atemwegsverschleimung bis hin zum Tod.

Werden alle Mühen, mehr zu erfahren über das menschliche Erbgut, sich letztlich als fruchtlos erweisen? Werden nur Pharmafirmen von den Forschungsergebnissen profitieren? Kein Computer wird etwas so Komplexes wie den menschlichen Stoffwechsel berechnen können; vergebens hofft daher, wer irgendwann Erbgut und Krankheiten bis ins Letzte verstehen will.

»Aber je besser wir das menschliche Genom untersuchen, um so mehr werden wir im Laufe der Zeit davon begreifen«, beharrt Venter. »Hunderte neue Ansatzpunkte«, den Bluthochdruck zu beeinflussen, werde das Entziffern des Erbguts bringen. Allen Rückschlägen zum Trotz, sind die Gene für ihn der Schlüssel, körperlichen Leiden abzuhelfen. »Nur geht es nicht so einfach wie bei einem kaputten Auto, bei dem man eine Zündkerze austauscht und dann läuft der Motor wieder. Die Wissenschaft war da lange sehr naiv.«

Genauere Kenntnis des Erbguts mag durchaus jenem simplen Glauben an die Gene abhelfen, den manche Forscher öffentlich propagiert haben und der bereits drastische Folgen hatte. In den USA werden zum Beispiel Gentests auf Brustkrebs angewandt, welche ungefähr die Wahrsagekraft einer Kristallkugel haben: Selbst in Hochrisikofamilien erkrankt nur weniger als ein Fünftel der Frauen mit einem positiven Testergebnis bis zu ihrem fünfzigsten Lebensjahr auch tatsächlich an Krebs.[4] Dennoch haben sich Hunderte von ihnen nach dem Test die Brüste amputieren lassen – während die Wissenschaft noch nicht einmal die Funktion dieser Gene aufgeklärt hat.

Die Erfahrung, wie leicht die Komplexität der Gene unterschätzt wird, hat Venter selbst schon im Jahr 1995 gemacht. Damals wurde in seinem Labor das Erbgut des Bakteriums Haemophilus influenzae entschlüsselt; Venter hielt damit das erste vollständig bekannte Genom überhaupt in der Hand.[5] Sehr schnell musste er einsehen, wie viel und wenig zugleich das bedeutete. Zwar konnte er nun diesen Einzeller aus olympischer Warte betrachten – mit dem genetischen Bauplan konnte er im Prinzip das Programm sämtlicher Lebensvorgänge dieses simplen Organismus analysieren. Aber selbst damit wußte er längst nicht alles über Haemophilus influenzae, weil sich selbst das Genom eines Bakteriums ständig verändert. »Und wie viel komplizierter«, sagt Venter, »ist der Mensch!«

Nun, da der Text des menschlichen Bauplans entziffert ist, wird nochmals eine neue Ära der Forschung anbrechen. Wenn Venters Datensatz veröffentlicht ist, werden die Biologen vor den 80 000 Genen des Menschen stehen wie Erstklässler vor Goethes ›Faust‹: Sie können den Text zwar buchstabieren, aber dessen Bedeutung bei weitem noch nicht erfassen. Angesichts der Aufgaben, die dabei anstehen, erfasste sogar den selbstbewussten Craig Venter ein Anflug von Demut. »Bis die Menschheit vollständig begriffen hat, was wir in den nächsten drei Jahren entziffern«, räumt er ein, »wird ein Jahrhundert vergehen.«

Recht bald jedenfalls werden sich Wissenschaft und Öffentlichkeit dann verstärkt mit jener Erkenntnis auseinander setzen müssen, die Venter nach der Entschlüsselung des Bakteriums Hae-mophilus influenzae hatte: Die Bedeutung des genetische Codes ist begrenzt. Zwar legt dieser die körperlichen Grundvoraussetzun-gen fest, aber nur diese – wie das Leben verläuft, bestimmt die Um-gebung. »Meine Gene«, sagt Venter, »haben bestimmt nicht fest-gelegt, dass ich ein Forscher oder, schlimmer noch, ein Geschäfts-mann werden würde.«

Heillos einfältig ist daher, wer meint, ein, zwei oder ein Dutzend Gene könnten über Intelligenz und Schönheit entscheiden. Und umso genauer das Genom des Menschen verstanden ist, umso mehr werden alle Träume und Alpträume vom genmanipulierten Menschen nach Maß zerplatzen: Wenn es schon aussichtslos ist, den Blutdruck durch einen simplen Eingriff ins Erbgut zu regeln – wie sollen dann die Molekularbiologen jemals das Ebenmaß eines Gesichts, mathematische Begabung und ähnlich subtile Merkma-le einer Person genetisch programmieren können?

Auch die Defekte im Erbgut zeigen, wie beschränkt mitunter der Einfluss einzelner Gene ist. Jeder Mensch hat in seinem Erb-material Fehler, deren Wirken den Organismus mit Sicherheit um-bringt – zum Beispiel Auslöser für Krebs. Trotzdem setzen die Erb-anlagen dem Leben nur selten Grenzen, denn bei weitem nicht al-le Gene und nicht alle Fehler in ihnen zeigen Wirkung. Viele wer-den von anderen Genen reguliert oder bleiben ein ganzes Leben lang stumm.

Darin sehen Verfechter der Genmedizin eine große Chance. An-zustreben sei nicht etwa die Reparatur des Erbmaterials – viel-mehr gelte es bei jedem Patienten herauszufinden, welche die töd-lichen Anlagen sind und ob sie je einen Effekt haben werden. »In Zukunft wird es vermutlich Verfahren geben, um Defekte im Erb-gut und ihre möglichen Folgen festzustellen«, sagt Venter: Tests nach Art jener Brustkrebs-Genuntersuchungen, die in Amerika schon praktiziert werden, aber viel zuverlässiger als diese. Wüsste er, Venter, im Voraus, dass er mit einer überdurchschnittlichen Wahrscheinlichkeit an Krebs erkranken werde, sähe er darin kei-nen Grund zu verzweifeln, sondern zu hoffen: »Dann wäre ich einem kommenden Tumor nicht ausgeliefert wie heute, sondern hätte die Chance, Einfluss auf meine Zukunft zu nehmen. Ich würde regelmäßig zur Vorsorgeuntersuchung gehen, vielleicht auch Medikamente einnehmen, die meinen Gendefekten gezielt entgegenwirken.«

Andere Krankheiten wie der Veitstanz (Chorea Huntington) aber, die ebenfalls genetisch bedingt sind, lassen sich nicht beeinflussen. Ein positives Testergebnis bedeutet hier die Aussicht auf eine schwere, unheilbare Krankheit, die je nach Testresultat möglicherweise erst in Jahrzehnten, dann aber mit Sicherheit ausbräche. Sind solche Aussichten dem Menschen zumutbar?

»Hier liegt ein Problem«, räumt Venter ein. »Aber vielleicht existiert es nur während einer Übergangszeit.« Es werde Krankheiten geben, die auch in hundert Jahren noch nicht heilbar sein werden – Wunder für jedermann könne leider auch die Genforschung nicht anbieten. »Auf andere Krankheiten wiederum wird man in zehn Jahren zurückblicken und erstaunt feststellen, dass es sie nicht mehr gibt.« Für den Menschen mit der Diagnose Veitstanz bliebe dann immerhin die Hoffnung, dass sein Leiden zu dieser Gruppe gehöre.

Doch das sind vage Vermutungen: Hätte Venters neuer Partner Perkin-Elmer damals so viel Geld in sein Vorhaben investiert, wenn er gewusst hätte, dass dieser Forscher zum Beispiel ein hohes Risiko hätte, schwer zu erkranken? Venter lacht: »Wahrscheinlich nur dann, wenn sicher wäre, dass die Krankheit nicht in den nächsten drei Jahren ausbricht.«

In solchen Fragen – nicht im gentechnischen Umbau des Menschen, den viele befürchten – liegt das Dilemma des Genom-Projekts. Heute schon darf in Deutschland eine Schwangerschaft abgebrochen werden, wenn etwa der Gentest ergeben hat, dass das Kind an Hämophilie, der Bluterkrankheit, leiden wird. Würde Venter seiner eigenen Schwester aufgrund der Ergebnisse eines Gentests zur Abtreibung raten?

Eine Abtreibung sollte eine persönliche Entscheidung sein, getroffen von der Schwangeren, meint er. »Eine Gesellschaft, die nicht darüber urteilen will, ob eine Frau sich etwa aus Bequemlichkeit für eine Abtreibung entscheidet, die sollte erst recht nicht über jemanden urteilen, der dies tut, weil er ein vollkommen gesundes Baby haben will.«

Frei von Leid zu sein ist für ihn ein Menschenrecht. Umgekehrt aber haben Juristen bereits überlegt, ob Frauen mit einem hohen »genetischen Risiko«, die sich weigern, einen vorgeburtlichen Test durchzuführen, die Pflege ihres Kindes selbst bezahlen sollen, falls es behindert zur Welt kommt.

Venter wird sehr nachdenklich: »Sollte sich die Gesellschaft tatsächlich in diese Richtung bewegen, dann hat sie einen sehr gefährlichen Weg eingeschlagen. Ich würde es vorziehen, nicht dort zu leben, wo man mir so etwas aufzwingt.« Aber er muss zugeben, dass es zumindest ein »gewisses Risiko gibt«, dass sich alle Gesellschaften in diese Richtung bewegten. »Und das ist«, sagt Venter, »als würde man den Wert eines Ertrinkenden gegen den des Rettungsteams aufrechnen nach dem Motto: Dein genetischer Code zeigt, dass du nicht so wichtig bist, also wollen wir mal lieber nicht das Leben deiner Retter riskieren.«

Trotzdem bestreitet er, dass er als Forscher Verantwortung trage für das, was mit dem Wissen über den genetischen Code geschieht. Jede Technik könne dazu genutzt werden, Gutes oder abgrundtief Böses zu tun: »Bin ich also verantwortlich für alles Übel, das in Zukunft mit dem genetischen Code angerichtet wird?«

Noch ehe er sein Genentschlüsselungs-Projekt begann, hat Venter verkündet, er wolle die Natur nicht so haben, wie sie ist, sondern so gut, wie sie nur irgend sein kann. Der Mensch müsse schließlich mit allen Mitteln versuchen, sein Leid zu vermindern.

Mit allen Mitteln? »Ich meine nicht, dass ich mit Hilfe des genetischen Codes perfekte Menschen erschaffen will«, erklärt Venter. Doch dass sein Ehrgeiz sich zumindest darin in Grenzen hält, hat mehr praktische Gründe: »Ich wüsste gar nicht, wie das gehen sollte«, sagt er. »Ich habe noch keinen perfekten Menschen getroffen.«

Ohren vom Band,
Herzen nach Maß

Ein Chirurg soll gewissenhaft sein, nicht genial, soll operieren, nicht träumen. Joseph Vacanti aber sieht sich als Prophet, Wissenschaftler und Arzt in einer Person. 1987 hielt er in Harvard einen Vortrag über die Chirurgie der Zukunft – und kündigte an, er würde Adern, Lebern, gar ganze Herzen in Glaskolben heranzüchten. In Brutöfen würden die Organe aufgehen wie Hefeteig: bis sie groß genug wären für den menschlichen Körper. Eine Weile ließen die Kollegen im Publikum den jungen Kinderchirurgen Vacanti reden. Dann ergoss sich eine Flut von Beschimpfungen über ihn: »Verblendeter Prophet«, höhnten sie, »falscher Messias« oder schlicht »Spinner«.

Nach diesem Auftritt schien die Karriere des Joseph Vacanti, die so hoffnungsvoll in Harvard begonnen hatte, beendet. Sein Ruf war dahin. Einem solchen Verrückten stellt niemand sein Geld oder seine Arbeitskraft zur Verfügung, an dieser überstolzen Universität schon gar nicht.

Wer an ihn glaubte, war sein Bruder. Als Charles Vacanti von den Zuchtplänen erfuhr, sah er darin die »brillanteste Idee, die mir je untergekommen war«. Der Jüngere, ebenfalls Arzt, verdingte sich bei dem Älteren – Jay und Chuck, wie sie einander seit Kindstagen nennen, gegen den Rest der Welt.

»Harte Jahre«, sagt Chuck: Nachts führten sie ihre Experimente durch; tagsüber mussten sie operieren, da niemand ihre Forschungen finanzierte. Weil die Klinik nicht einmal einen La-

187

borraum hergeben wollte, bauten sie ihr Versuchsgeschirr auf Jays Schreibtisch auf: die Petrischalen und Fläschchen, in denen sie Flüssigkeiten in menschliches Fleisch umwandeln wollten.[1]

Heute sind die Brüder die Idole einer aufstrebenden Industrie. Jay Vacanti beschäftigt 25 Mitarbeiter, Chuck noch einmal so viele. Gemeinsam sitzen die beiden wissenschaftlichen Vereinigungen vor, geben Zeitschriften heraus, halten 40 Patente und verfügen für ihre Experimente über mehr als zehn Millionen Dollar Jahresetat.

Ihre Labors haben sie mittlerweile getrennt. Jay arbeitet noch immer in Harvard, Chuck hingegen an der University of Massachusetts außerhalb Bostons. Doch sie arbeiten weiter als ein – höchst ungleiches – Team: Der asketische Jay hat die Ideen; Chuck, ein Mann von Pavarotti-Statur, feiert die Erfolge. Jay träumt von ganzen Organkomplexen aus der Retorte, Chuck begnügt sich mit der Züchtung von Knorpel. Jay kann vierzehnerlei Arten von Körpergewebe wachsen lassen, doch seine synthetischen Lebern, Herzklappen und Därme wagt er nur in Ratten und Lämmer einzunähen. Chuck baut die viel einfacher konstruierten Nasen, Ohren, Gelenke und Knochen. Aber er ist es, der jetzt mit seinen Gewächsen den Schritt zum Menschen hin vollzieht.

Die Experimente mit Patienten, denen Knorpel aus dem Labor eingeflickt wird, unternimmt er nicht selbst. Zwei Firmen hat die inzwischen euphorisierte Harvard-Universität gegründet, um mit den Ideen der beiden Brüder Geld zu verdienen. Mehr als 100 Angestellte arbeiten in diesen Organzucht-Unternehmen, die Aktien werden als Hightech-Werte an der Börse in New York gehandelt. Und der Boom hat längst die andere Seite des Atlantiks erreicht – das deutsche Forschungsministerium rechnet, wie es in einer Studie heißt, mit einem »Milliardenmarkt für Zuchtorgane«.

So stehen Jay und Chuck Vacanti nun als Pioniere einer neuen Forschungsrichtung da, die sich »Tissue Engineering«, Gewebekonstruktion, nennt. Ihr Ziel ist letztlich der Nachbau des Menschen. Mittlerweile werden zwischen Sydney und Stuttgart in Labors Zellen erbrütet: Hornhaut fürs Auge, Gelenkknorpel für verschlissene Knie, neue Haut für Verbrennungspatienten.[2]

Mediziner, Physiologen und Materialexperten arbeiten eng zusammen. Für Diabetiker züchten sie Pankreaszellen, die Insulin erzeugen, für Parkinsonkranke Hirnzellen, die den Botenstoff Dopamin ausschütten. Mit Muskelzellen wollen sie Lahmen neue Kraft verleihen. Frauen sollen künftig aus Zellkulturen geformte Brustimplanatte bekommen. Auch komplette Harnleiter, Speiseröhren und Arterien wollen die Gewebeingenieure nachzüchten und dann Patienten in den Leib operieren.[3]

Die Kranken hätten »allen Grund zur Begeisterung«, meint der amerikansiche Biotechniker Robert Nerem. »Denn im nächsten Jahrzehnt wird immer häufiger krankes Gewebe durch gesundes ersetzt werden.« Und wenn erst einmal ganze Körperteile serienmäßig vom Band liefen wie Mikrochips, wenn es menschliche Innereien gleichsam von der Stange gäbe, müssten all jene, die heute oft monatelang auf eine Organspende warten, nicht mehr auf den Tod eines anderen hoffen. Aus keimfreier Verpackung bekämen sie eingesetzt, was sie brauchen. Leichen vermögen den Bedarf an menschlichen Ersatzteilen nicht mehr zu decken. In den USA warten allein 30 000 Menschen auf eine neue Leber, aber nur 3 500 Lebern werden pro Jahr aus Verunglückten und Komapatienten herausgeschnitten und Kranken eingepflanzt. Die Übrigen auf der Warteliste sterben.

Das hat sich in den letzten zehn Jahren nicht geändert. Jay Vacanti war 1987 der erste, der es wagte, Kindern, die mit einem Leberdefekt zur Welt gekommen waren, eine neue Leber einzupflanzen – und ihnen meistens doch nicht helfen konnte. Weil er keine Austauschlebern hatte, musste er zusehen, wie seine kleinen Patienten gelb wurden, wie ihre Bäuche aufschwemmten und sie elend starben. Schon deshalb sind Vacantis Visionen für die Medizin verheißungsvoll. Aber schaurig sind sie auch. Denn am liebsten würde Jay Vacanti nicht nur lebenswichtige Organe, sondern alles ersetzen, was am Menschen runderneuerbar sein könnte.

Das Bild, das er gern vorführt, zeigt einen Arm, der, von einer Pumpe mit Nährlösung gespeist, aus einer Röhre herauswächst. Jay Vacanti hat diese Grafik im Jahr 1995 anfertigen lassen, um sie im ›Scientific American‹ zu veröffentlichen. Die Redaktion lehnte zunächst ab, schließlich gebe man eine renommierte Wissenschaftszeitschrift heraus, kein Sciencefictionheft. »Kommt nach Boston und seht«, hat Jay Vacanti erwidert. Zwar mache das Nervengewebe ihm noch Schwierigkeiten, doch alle übrigen zur Armherstellung nötigen Techniken beherrsche sein Labor im Prinzip bereits.

Jay Vacanti zeigte den Redakteuren seine Brutkästen, in denen – von Nährlösung umspült – Fleischfetzen heranreiften. Er führte sie in Operationssäle, durch welche Lämmer taumelten, noch halb narkotisiert, nachdem ihnen Adern und Herzklappen aus dem Bioreaktor eingesetzt worden waren. Er berichtete von den Farmen in Massachusetts, wo Lämmer, die synthetische Adern im Leib trugen, zu Schafen herangewachsen sind. Schließlich ließ er die Besucher die Hybridwesen in den Käfigen seines Bruders bestaunen: Ratten mit Kuhsehnen im Körper und Mäuse, aus denen Menschenohren wachsen.

Als das Bild mit dem Armgewächs dann doch gedruckt wurde[4], hatten die Brüder Werbung eigentlich kaum mehr nötig. Damals schon drängten sich Mediziner, Chemiker und Ingenieure aus aller Welt, um bei ihnen zu lernen: »Gastarbeiter sind wir hier alle«, sagt Ulrich Stock, der auf Kosten der Deutschen Forschungsgemeinschaft in Boston arbeiteten, um später in Hannover selbst Herzklappen zu züchten – hoffnungsvoller Pionier und Gratis-Arbeitskraft für die Brüder.

Die jungen Männer, auch zwei Frauen, die bei der Vacanti-Laborkonferenz zusammensitzen, berichten von Wachstumsfaktoren, Methoden der Nervenanzucht und künstlichen Muskeln. Jay Vacanti nickt und lobt väterlich-sanft die kleinsten Fortschritte. Unter dem Tisch aber zappeln seine Füße vor Ungeduld, er will echte Erfolge.

Auf dem Weg dahin sind ihm die plattesten Parolen gerade recht: »Wann, wenn nicht jetzt – wer, wenn nicht wir?« steht auf Zetteln, die er in den Labors aufhängen ließ, über den gekachelten Tischen, an denen sich seine Leute mühen, aus isolierten Zellen funktionierendes Gewebe heranzuzüchten. Sie wollen dem erwachsenen Menschen jene Kraft des Körperwachstums verleihen, über die sonst nur Embryonen und manche Tiere verfügen.

Die Eidechse ist das Idol der Vacantis – dieses Reptil muss sich nicht einmal wehren, wenn ein Feind seinen Schwanz packt. Die Eidechse kann ihn einfach abwerfen, kein ernster Verlust, weil aus dem Stummel bald ein neuer Schwanz sprießt. Doch auf den verschlungenen Pfaden der Evolution ist die Fähigkeit, ganze Körperteile nachwachsen zu lassen, verloren gegangen. Der Mensch kann, wie alle Säugetiere, allenfalls seine Wunden flicken, und auch das nur in Schnellreparatur, oft bleiben Narben zurück. Einmal zerstörtes Gewebe errichtet keine neue Architektur.

Die ersten Organzucht-Experimente der Brüder scheiterten. Zuvor hatten Zellkulturen vor allem zu Zwecken der Diagnose oder der Forschung gedient, bei denen sich das Augenmerk der Wissenschaftler auf die Einzelzellen richtete. Aber noch nie hatte jemand versucht, eine dreidimensionale Struktur im Labor nachwachsen zu lassen. Ein solch vielschichtiges Gewebe, in welchem die Zellen miteinander Verbindung aufnehmen müssten, schien von Menschen nicht geschaffen werden zu können: Zwar gelang es Jay und Chuck Vacanti problemlos, die Zellen zu vermehren – doch über die Ränder der Petri-Schalen wucherte nur eine bräunlich-schleimige Masse ohne Maß und Form.

Mit einem eingefügten Gerüst aber lassen sich die Zellen dazu bringen, Gestalt anzunehmen – das war Jay Vacantis zentrale Idee. Zwischen den Poren einer schwammartigen Gaze aus einem Milchsäurepolymer, ersonnen und gesponnen von einem mit den Brüdern befreundeten Chemiker, rankt sich Gewebe empor wie Spalierobst. Anhand der Gitterkonstruktion lässt sich der wachsende Zellhaufen beliebig modellieren.

»Die Polymer-Gerüste führen die Zellen quasi am Gängelband«, erklärt Jay Vacanti, »sie benehmen sich, als gehörten sie zu einem wachsenden Embryo.« Dort sind es Befehle aus dem Erbgut, welche dem Zellverband seine Form aufzwingen. Sobald das Stützkorsett in den Zuchtorganen seinen Zweck erfüllt hat, löst es sich auf; die zu Fleisch, Adern oder Knorpel verwachsenen Zellen aber bleiben.

Stets bauen die Brüder ihre künstlichen Körperteile nach diesem Prinzip; nur an der Formung der Gaze und am Typ der darauf geträufelten Zellen, gewonnen aus chemisch zersetzten Tierorganen, ist abzulesen, ob Chuck Ohren züchten lässt oder Jay seine Lebern.

Ein purpurner Cocktail – die Nährlösung aus Eiweiß, Traubenzucker und Spurenmineralien, versetzt mit Penicillin zur Desinfektion – spült über die Gazegeflechte im Bioreaktor. In den Glaskolben des kühlschrankgroßen Geräts, inmitten eines Gewirrs aus Pumpen und Schläuchen, unter Kohlendioxidbegasung und bei exakt 36,8 Grad Celsius, vollzieht sich die Fleischwerdung, das sonst im Gebärmutterdunkel verborgene Wunder: Ein paar tausend Zellen vermehren sich zu 200 Millionen und wachsen wohl geordnet zusammen.

»Organzellen sind soziale Wesen«, erklärt Jay Vacanti. Durch chemische Kommunikation, die noch kein Forscher versteht, tauschen sich die Zellen untereinander aus, ziehen die richtigen Nachbarn heran und formen Gestalten: Leberzelle an Leberzelle, Aderngeflecht dazwischen, Hüllgewebe außen herum.

Nur im Zusammenspiel mit ihresgleichen – und eingebettet in das Stoffwechselsystem des Körpers – erfüllen die Zellen ihre Funktionen als winzige Eiweißfabriken, die Proteine herstellen, abbauen und in den Blutkreislauf schicken. Werden sie isoliert, verlieren sie oft schon innerhalb weniger Stunden charakteristische Eigenschaften. Sie hören auf, bestimmte Enzyme zu produzieren; auch ihr Vermögen, sich mit ihren Geschwisterzellen fest zu verbinden, schwindet dahin.

Bei der Organzucht werden die künstlichen Körperteile aus solch vereinzelten Zellen zusammengesetzt; eine der größten Schwierigkeiten ist es, diesen ihre verlorenen Fähigkeiten zurückzugeben. Deswegen haben die Gewebeingenieure ihre Bioreaktoren so konstruiert, dass den Zellen darin ein möglichst körperähnliches Milieu vorgetäuscht wird: Die Schlauchsysteme darin versorgen die Kulturen mit Nährstoffen und Enzymen, die Pumpen saugen Abbauprodukte des Stoffwechsels ab. Manche Gewebeschichten werden, wie im Organismus, oben und unten von unterschiedlichen Nährstofflösungen umspült. Wachstumshormone sollen die Organentwicklung zusätzlich anfachen.

Vier Wochen lang reift so das Körpergewebe heran, das Jay Vacantis Leute nun schon in Serie fertigen. Im elften Stock des Laborturms bauen sie es in Versuchstiere ein. Draußen schweben Fensterputzer wie Spinnenmänner vorbei, drinnen sitzen die Jungforscher auf Barhockern nebeneinander, haben betäubte Ratten mit Klebeband auf die Tische vor sich geheftet und nähen: Mehr als 50 Nagetiere pro Woche bekommen synthetische Organe. Fast alle sterben kurz nach der Operation.

Zwar funktioniert die Körperteilzucht schon leidlich bei dünnen Geweben wie Haut oder Speiseröhrenwänden – für seine Kunstadern hofft Jay Vacanti sogar auf baldige Genehmigung von Menschenversuchen. Aber noch ist es niemandem gelungen, große durchblutete Organe komplett zu erbrüten. Leberzellen zum Beispiel wachsen im Bioreaktor schlecht an. Zudem mangelt es an der Blutversorgung, denn bislang ist nicht geglückt, in das Ersatzgewebe ein ausreichendes Adergeflecht hineinzuzüchten. Zehn Gramm wiegt eine normale Rattenleber, zwei Gramm bringt Vacanti zustande: gerade genug, um ein Nagetier mit Retortenleber etwas langsamer sterben zu lassen als eines, das gar keine hat.

Jay Vacanti bleibt unbeirrt. Allein sein Ziel, Menschen zu retten, treibe ihn an, sagt Vacanti – weswegen er neben seiner Züchterei noch immer 300 Kinder pro Jahr ganz normal operiere. Chuck hat die von seinem Bruder erdachten Techniken auf die plastische Chirurgie übertragen und der Organzüchtung eine bildhauerische Seite abgewonnen. Und er lehrte die Welt das Gruseln: Er war es, der vor zwei Jahren der Weltpresse das Foto präsentierte, das sofort berühmt wurde. Vergebens hatte Jay seinen Bruder davon abzubringen versucht, die Maus zu zeigen, auf deren Rücken ein von Chuck geschaffenes, lebendes Menschenohr wie ein Trichter wächst.

Seit dieser Provokation umgibt sich Chuck in seinen Labors mit immer skurrileren Wesen: Kaninchen, die auf den Löffeln menschliche Ohrmuscheln tragen, Schweinen denen er Retortenohren zwischen die Läufe montiert hat, in jede Achselhöhle eines. Nur dort, sagt er, seien die Artefakte sicher, wenn sich die Tiere im Dreck suhlen. Notwendig sollen diese Versuche deswegen sein, weil das Schwein, immunologisch betrachtet, dem Menschen ein naher Verwandter ist. Und schon bald will Chuck Vacanti Ohren auch an Menschenköpfe annähen.

Ohne Ohren geborene Kinder ließen sich auf diese Weise schon im Säuglingsalter von ihrem Geburtsfehler befreien: Da sich die Retortenohren, einmal mit dem Kopf verbunden, von normalem Körpergewebe nicht unterscheiden, wachsen sie mit.

Chuck Vacanti glaubt auch, mit seinen Züchtungen der Schönheitschirurgie neue Möglichkeiten zu eröffnen. Nasen und Ohren würden dann, ganz nach Wunsch, am Computer entworfen, in Formen umgesetzt, im Bioreaktor erbrütet – Gesichter würden formbar wie aus Plastilin.

Die Kollegen auf dem Gebiet der Gewebekonstruktion beobachten die beiden Vorreiter mit Bewunderung und Befremden zugleich. Gewiss brauche ein neuer Zweig der Heilkunst »Werbung und Visionen«, sagt der Zürcher Bioingenieur Erich Wintermantel. Aber »frühestens in zehn Jahren« sieht er komplette Retortenorgane, die auf Menschen übertragbar wären.

Noch sei nicht einmal klar, ob Chuck Vacantis Kunstgebilde aus weichem Knorpel nicht nach einiger Zeit einfach zusammenbrächen. Selbst wenn aus den gezüchteten Teilen nur immer wieder Zellen abbröckelten und durch den Körper vagabundierten, würde das ein Krebsrisiko für die Patienten darstellen. Auch könnten sich die Retortenstücke unkontrolliert zu monströser Größe oder gar zu Tumoren auswachsen; dass bisher niemand dergleichen beobachtet hat, sei noch kein Gegenbeweis.

Doch sobald die Verfahren ausreichend erprobt seien, da ist sich Wintermantel sicher, werden die Organzüchter sehr schnell Material für Teilreparaturen liefern – Gewebefetzen aus Leberzellen als Flicken für alkoholgeschädigte Organe; auf Plastiknetzen gezüchtete kleinere Knorpelstücke, um damit kaputte Gelenke zu reparieren. Von dieser Art sind auch die Versuche, die Chuck Vacanti mit seinen Knorpeln derzeit an Patientenknien anstellen lässt. Im Tierversuch haben sich derlei Knorpeltransplantationen be-

reits bewährt. Einem Dutzend lahmer Pferde hatten Kollegen von
Chuck Vacanti Knorpelzellen in die Kniegelenke gepflanzt. Anschließend hatten sie in das künstliche Gewebe Wachstumshormone und ein Protein namens Fibrinogen gespritzt, welches die
Zellen gleichsam zusammenleimt. Nach einem guten halben Jahr
waren die Pferde wieder fit; einige kehrten, wie die Veterinäre
stolz berichten, sogar auf die Rennbahn zurück.

Auch menschliche Haut aus dem Bioreaktor ist schon verfügbar. Sie wird von der kalifornischen Firma Advanced Tissue Systems produziert und wird vor allem für die Versorgung chroni-
scher Wunden eingesetzt, etwa bei Patienten mit Diabetes oder
Gefäßerkrankungen. Das Augangsmaterial für die Kunsthauther-
stellung sind die Vorhäute beschnittener Neugeborener – ein überaus ergiebiger Rohstoff: Die Zellen einer einzigen Vorhaut genü-
gen, um im Reaktor mehrere tausend Quadratmeter Haut daraus
zu züchten.

Und eine Freiburger Biotech-Firma drängt mit Haut aus der Tube auf den Markt, welche aus den eigenen Zellen des Patienten besteht. Innerhalb von gut zwei Wochen fertigt das Unternehmen
aus einer Hautprobe eine Lösung mit Oberhautzellen an; diese
Flüssigkultur wird anschließend auf den Wunden verteilt, die sich,
sobald die Kunsthaut anwächst, schließen. Schwitzen kann die
Haut aus der Tube allerdings noch nicht, und ob Patienten mit
großflächigen Verbrennungen so geholfen werden kann, ist noch
unklar.

Für die Brüder jedoch sind das nur Nahziele. Wer jetzt noch an
den ungelenken ersten Schritten einer neuen Medizin herumnör-
gle, der beweise damit vor allem eines: seinen Mangel an Visionen.[5] Eines nicht so fernen Tages, davon sind die Brüder über-
zeugt, werden Bioreaktoren die Bauteile zu Knochengerüsten erbrüten und sogar zu Gehirnen. Geningenieure werden es fertig
bringen, die biologischen Merkmale des Individuums aus den Zellen zu kegeln und so Abstoßungsreaktionen vermeiden. Ein einziger Typ Leber, Niere oder Herz würde dann für alle Menschen
passen, ließe sich auf Wunsch bestellen und beim kleinsten Defekt
einbauen.

Chirurgen würden dann nicht mehr flicken, sondern »wie Konzertmeister« das Zusammenspiel von Retortenorganen und Restkörper herstellen. Das mag sich heute unglaublich anhören, doch vergleicht man die Pläne der Brüder Vacanti mit den Vorhaben anderer Forscher, so erscheint die neue Medizin aus Zuchtorganen nicht einmal sonderlich radikal – manche Embryologen träumen davon, ganze Menschen zu züchten.

Die Versuchung,
den Homo xerox zu bauen

Nichts scheint Steen Willadsens Labor zu unterscheiden von dem des Internisten um die Ecke: graue Tische, auf denen sich Spritzen und Pipetten reihen, Mikroskope, Batterien von Glasflaschen und Petri-Schalen, gefüllt mit rosa und orangefarbenen Flüssigkeiten.

Was aber in den Gefäßen schimmert, sind Lösungen, welche dem Milieu im Eileiter des Menschen nachempfunden sind. Und in den Petri-Schalen schwimmen, unter einer schützenden Ölschicht, mikroskopisch kleine Zellhäufchen – menschliche Embryonen.

Die Augen wie angeklebt an die Okulare, den Rücken gekrümmt, hockt Willadsen an einem der Mikroskope. Seine Hand ruht auf einem Joystick, mit dem er eine ferngesteuerte, mikroskopisch feine Nadel bedient. Manchmal richtet er sich kurz auf, kneift die Lider zusammen, dann entspannen sich seine Züge für einen Moment. Empfindet er bei seiner Arbeit etwas Besonderes? »Ach was«, sagt er. »Man kann doch nicht dauernd ah und oh rufen, nur weil die Embryonen von Menschen im Visier der Nadel sind.«

Der bleistiftdicke Stab, der auf dem Monitor neben dem Mikroskop erscheint, ist ein Abbild der Nadel, die in Wirklichkeit dünner ist als ein menschliches Haar und innen hohl. Willadsen fährt damit auf eines der Häufchen zu, die aus acht Zellen bestehen und am dritten Tag ihrer Entwicklung stehen.

Plötzlich verschwindet eine Zelle wie im Rohr eines Staubsaugers und wird neben einem Gebilde, das einer Kaugummiblase ähnelt, wieder ausgespuckt. Es ist die Eizelle einer Kuh. Der Forscher jagt einen Stromstoß durch die beiden wabbeligen Gebilde; jetzt sind sie miteinander verschmolzen.

Möchte Willadsen Wechselbälger aus Menschen und Rindern erzeugen? Sind Minotauren sein Ziel? »Wir machen einen Erbguttransfer zu diagnostischen Zwecken«, erklärt er. »Die Chromosomen aus der Embryozelle wandern in die größere Eizelle der Kuh. Dort können sie sich besser entfalten.«

Nach zehn Stunden wird diese zelluläre Mensch-Kuh-Kombination absterben. Dann wird Willadsen sie in ein Lesegerät stecken und Chromosom für Chromosom nach Defekten absuchen. Weil alle Zellen eines Embryos dieselben Gene haben, wird diese Untersuchung ihm Aufschluss über Fehler im Erbgut des wachsenden Embryos geben, aus dem er die Zelle abgesaugt hat.

Dass Willadsen, ein gelernter Tierarzt, wirklich Chimären bauen kann, hat er längst bewiesen. Schon 1984 stellte er der Öffentlichkeit ein Tier vor, das er »Schiege« nannte: ein Vieh mit gedrechselten Hörnern, Geißbart und wolligen Fellflecken. Willadsen hatte die Embryozellen eines Schafs und einer Ziege vermengt.[1]

Die Kreation aus Schaf und Ziege war nur der Anfang, kurz darauf setzte Willadsen Chimären aus Schafen und Kühen in die Welt. Es wurden etwa schafgroße Tiere mit einem Fell, gescheckt wie das eines Rindviehs. Sogar fortpflanzungsfähig waren diese Schöpfungen. Wenn sich ein Hammel mit den Schaf-Kühen paarte, so brachten manche von diesen zwei Monate später Lämmer zur Welt.[2]

Ein »bilderstürmendes Genie« nannte die ›New York Times‹ Willadsen, und das ist mild untertrieben. Die Techniken nämlich, die er damals erfand, hat er weiterentwickelt. Viele Eingriffe, mit denen heute die Reproduktionsmedizin unfruchtbaren Paaren zu Kindern verhilft, gehen auf Willadsens Pionierexperimente mit Schafen und Rindern zurück. Wer Fruchtbarkeitsmediziner nach Steen Willadsen fragt, hört deswegen fast immer dieselbe Antwort: »Er setzt die Trends.«

Heute arbeitet Willadsen für das St. Barnabas Medical Center bei New York, eine der bedeutendsten Fruchtbarkeitskliniken der USA. Hier kann man sich überzeugen, dass seine einstigen Durchbrüche mittlerweile zur Routine gehören: das Tieffrieren von Embryonen zum Beispiel, ein Verfahren, welches Willadsen im Jahr 1974 für die Schafzucht perfektioniert hatte.[3]

Tausende menschliche Embryonen, von flüssigem Stickstoff umspült, lagern heute in den Kryobehältern von St. Barnabas. Es sind Zellhaufen vom vierten Tag nach der Befruchtung, zu jeweils 200 Stück in strohhalmähnliche Röhrchen gepackt. In Deutschland wäre solche Lagerung von menschlichem Leben im frühesten Stadium verboten. In den USA hingegen gilt, von wenigen Ausnahmen abgesehen, das Prinzip, dass das Recht jedes Einzelnen auf biologischen Nachwuchs nicht beschnitten werden darf. Auch deswegen, weil hier kaum Vorschriften die Experimente mit Embryonen behindern, erlangte die Gegend um New York den Ruf eines Mekkas der Fruchtbarkeit.

Die Reproduktionsmedizin ist hier ein florierender Industriezweig geworden, welcher sich mit allen Mitteln des Wettbewerbs um einen riesigen Markt bemüht. Drei Millionen unfruchtbare Ehepaare gibt es in den USA, gut 85 Prozent von ihnen wollen Umfragen zufolge ein Kind. Leihmütter werden über Radiospots gesucht, ebenso Frauen, die bereit sind, ihre Eizellen zu spenden. Im Internet bieten Firmen die Eizellen dann nach Katalog an, für 5 000 Dollar. Für 50 000 Dollar werden durch Inserate in den Campuszeitungen von Elitehochschulen wie Yale Studentinnen mit besonders hohem Intelligenzquotienten zur Eispende angeworben. Kinderlose Paare können aber auch eingefrorene Embryonen kaufen, die bei Befruchtungsversuchen übrig geblieben und im New Yorker Columbia-Prebysterian Medical Center beispielsweise für 2750 Dollar zu haben sind. 50 000 Dollar kostet die Befruchtung in St. Barnabas in schwierigen Fällen; 800 Frauen im Jahr nehmen die Dienste des Zentrums in Anspruch. Verzweifelte Paare, die hierher kommen, haben mitunter Haus und Hof für ihren Kinderwunsch verpfändet und oft schon eine lange Odyssee durch andere Reproduktionskliniken hinter sich.

Die Privatklinik in New Jersey verspricht ihnen Hilfe. Mit Wissenschaftlern von Weltrang wirbt dieses Zentrum im Internet. Und weil in den USA kein Geld von der Forschungsförderung bekommt, wer an menschlichen Embryonen arbeitet, hat St. Barnabas im Internet auch gleich Spendenaufrufe platziert, zur Finanzierung der Experimente.

Willadsen steht hier unter Vertrag, um das zu tun, was er schon sein Leben lang tut: die Grenzen des Möglichen sprengen. Dafür hat der Wissenschaftler, der von einem Bauernhof in der Nähe von Kopenhagen stammt und als junger Veterinär in Schlachthöfen Schweine untersuchte, schließlich seinen Weg in die Forschung gemacht: weil er sich als Wissenschaftler wie bei keiner anderen Tätigkeit frei fühlte. Ein Naturwissenschaftler, behauptet er, solle die »so genannten Naturgesetze« weder akzeptieren noch bestätigen, sondern brechen.

Was nimmt ein junger Forscher in Angriff, der sich nicht nur als Rebell, sondern auch noch als Genius empfindet, wie Willadsen ohne Zögern zugibt, und obendrein grenzenlos ehrgeizig ist? »Nur zwei Themen«, sagt er, »schienen es mir wert, meine Zeit damit zu verschwenden: das Gehirn und die Fortpflanzung.«

So ging er im Jahr 1973 nach Cambridge, dessen Institute damals ein führendes Zentrum der Embryologie waren. Dass Willadsen monatlich kaum ein paar hundert Mark verdiente, bremste seinen Elan nicht. Denn was er in Cambridge vorfand, waren fast unbeschränkte Möglichkeiten zu experimentieren. Der Vorgänger auf seiner Stelle war Ian Wilmut, der Mann, der später das Schaf Dolly klonte. Aber der jüngere Willadsen war es, der mit seinen Versuchen diesem spektakulären Durchbruch der Reproduktionstechnik den Boden bereitet hat.

400 Schafe besaß er zeitweise. Vormittags operierte er Eizellen aus ihnen heraus, die er nachmittags im Labor bearbeitete. Abends operierte er wieder. Nachts spritzte er Mutterschafen Hormone, damit diese noch fruchtbarer würden. Um herauszufinden, ob man Embryonen tiefgekühlt einlagern könne, habe er ganze Herden trächtiger Schafe, wie er es ausdrückt, »in 20 Gramm Papier verwandelt« – bedrucktes Papier, mit dessen Veröffentlichung er

sich einen Namen machen wollte.[3] Allmählich aber begann ihm zu dämmern, dass die Wege abseits der üblichen Wissenschaft mitunter den größten Erfolg versprechen: »Wenn alle anderen vergebens die Reise um das Kap der Guten Hoffnung antreten, kann es nützlicher sein, nach Westen zu segeln.«

Für Willadsen hieß das: Er klonte. Wenn er es schaffte, genetisch identische Tiere herzustellen, so kalkulierte er, wäre das einträglich nicht nur für seinen Ruhm – Viehzüchter wären möglicherweise bereit, große Summen zu zahlen für eine Technik, mit der sich besonders ertragreiche Tiere fast beliebig vermehren ließen.

Eine solche Vision galt damals, zu Beginn der achtziger Jahre, als wissenschaftliche Fata Morgana. Gerade hatten Kollegen den deutschen Forscher Karl Illmensee, der sich mit geklonten Mäusen aus seinem Labor gerühmt hatte, als Schwindler enttarnt; wer immer ernst zu nehmen war in der Fachwelt, erklärte das Klonen von Säugetieren für unmöglich. Willadsen dagegen erscheinen Klon-Versuche nur die logische Umkehrung seines Schiegen-Experiments: Damals hatte er die beiden Geschöpfe Ziege und Schaf zu einem verschmolzen. Nun schuf er aus einem Wesen viele.

Anfangs experimentierte er mit einer simplen Methode, die der Tübinger Entwicklungsbiologe Hans Spemann zu Beginn des Jahrhunderts entwickelt hatte. Alles, was er dazu benutzte, waren ein Embryo im frühesten Entwicklungsstadium und ein sehr feiner Faden – Spaemann nahm Haare, die er seinem neugeborenen Sohn ausriss. Die Haare schnürte der Forscher unter dem Mikroskop so fest um die Embryonen von Salamandern, dass diese Zellhaufen auseinander geschnitten wurden. Aus jeder der Hälften wuchs ein eigener Lurch: Künstlich hatte Spemann eineiige Zwillinge erzeugt – wofür er im Jahr 1935 den Nobelpreis bekam.

Mit Säugetiereiern jedoch, die sehr viel kleiner als Lurcheier sind, hatte niemand dieses Experiment unternommen – bis Willadsen sich daran versuchte. Der nahm sich die Eier von Schafen, seinen Lieblings-Versuchstieren, vor, tüftelte ein paar Wochen und hatte Erfolg. Erst verdoppelte er Schafembryonen, dann wiederholte er das Experiment mit Kühen. Später verachtfachte er die Tiere sogar, indem er die Zellhaufen mehrmals teilte.

Aber je öfter er die Embryonen zerschnitt, umso mehr kränkelten die daraus geborenen Lämmer und Kälber – Willadsen musste ein Verfahren ersinnen, das praxistauglicher war. So entwickelte er die erste echte Klonmethode für Säugetiere: Statt die reifenden Embryonen zu teilen, entnahm er ihnen nur noch die Zellkerne, welche die Erbsubstanz tragen und für die Entwicklung der Zelle verantwortlich sind. Die Zellkerne verpflanzte Willadsen in unbefruchtete Eizellen, die er zuvor entkernt hatte. Nach dieser Operation übernahmen die Zellkerne in den entleerten Eizellen das Kommando – aus jeder der umgebauten Eizellen wuchsen Embryonen heran, die alle die gleiche Erbsubstanz hatten.

Unbemerkt von der Öffentlichkeit kreierte er so genetisch identische Schafe, die er im Jahr 1986 in Wissenschaftlerkreisen vorstellte.[4] Später, als er nach Texas übergesiedelt war, klonte er Rinder und war an einer Firma beteiligt, die gutes Geld damit verdiente. Die Klone, die er zu jener Zeit in die Welt setzte, waren zwar aus Embryonen entstanden und nicht, wie das 1996 geborene Schaf Dolly, Kopien eines erwachsenen Tiers. Doch ohne die Techniken, die Willadsen damals entwickelte, hätte es Dolly nie gegeben.

Bis zur Geburt dieses Tiers waren die Embryologen noch einem Irrtum aufgesessen: Wenngleich sie seit Willadsens Experimenten einräumen mussten, das sich Säugetiere sehr wohl klonen ließen, herrschte dennoch der Glaube, dies könne nur mit Zellkernen aus Embryonen im frühesten Stadium ihrer Entwicklung geschehen. Ein erwachsenes Tier hingegen ließe sich niemals kopieren. Hätten sich nämlich die Zellen erst einmal als Keime bestimmter Organe spezialisiert, verlören deren Kerne auch ihre Fähigkeit, den Bau eines ganzen Individuums zu steuern, denn Herzzellen könnten keine Hirnzellen hervorbringen.

Zu dieser Zeit war Willadsen aber bereits das Unmögliche gelungen: Nicht nur aus Klumpen von acht Zellen, sondern auch aus Embryonen viel späterer Entwicklungsstadien – etwa von 60 oder gar 120 Zellen – fertigte er Klone. Damit überzeugte er Wilmut, den Schöpfer von Dolly, dass sich mit einer geeigneten Technik Kopien selbst eines erwachsenen Tieres machen ließen.

»Irrsinnig gefreut« hat Willadsen sich über die Geburt des Klon-Schafs in Schottland: »Ich wusste nun, ich war als Erster auf dem richtigen Weg.« Ein Jahr nur nach Dolly brachte ein Labor in Hawaii dutzendweise geklonte Mäuse zu Wege – wieder allen Experten zum Trotz, die Mäuse aufgrund ihrer außergewöhnlich schnellen Embryonalentwicklung als einzige Tierart für nicht klonbar erklärt hatten.

Dass es eines Tages auch möglich sein könnte, Menschen zu klonen, war Willadsen von seinen ersten Versuchen an klar. »Aber wie rasch die Entwicklung verläuft, wundert mich doch.« Natürlich würde diese Technik, wenn verfügbar, auch am Menschen angewandt, das ließe sich gar nicht verhindern, sagt er: »Man wird es nur nicht Klonen nennen.« Eine andere Bezeichnung würde auf viel geringeren Widerstand stoßen, seriöser klingen und nicht so an Sciencefiction erinnern: »Körperzellen-Kerntransfer zum Beispiel wäre ein geeigneter Ausdruck.«

Dass er es war, der den Stein mit ins Rollen gebracht hat, ficht Willadsen nicht an. Ethische Bedenken sind nicht seine Sache. »Ich erfinde Techniken«, erklärt er. »Es ist nicht mein Job zu sagen, wie wir sie einsetzen sollen.«

So sieht er auch seine Arbeit mit Menschen. Wenn eine Frau sich ein Kind wünsche, sei ihm das ein »Marschbefehl«, nach dem er handle. Aber das mag auch Koketterie sein, mit der Willadsen unangenehme Grübeleien verscheucht: etwa darüber, dass er keineswegs als willfähriger Arzt unter Vertrag steht, sondern als Forscher, der mit seinen als ingeniös gerühmten Verfahren Hoffnungen auf Nachwuchs bei den Menschen erst weckt.

Wenn er heute sein ganzes Können einsetzt, das er sich in drei Jahrzehnten Arbeit mit Eiern und Embryonen von Tieren erarbeitet hat, ist es keineswegs sein Ziel, Chimären oder Klone von Menschen herzustellen – aber nur deswegen nicht, weil er keinen Bedarf dafür sieht. Von der Methode her jedoch ist das, was Willadsen, immer im Rahmen der amerikanischen Gesetze, in seinem Labor anstellt, von solchen Schreckensbildern nicht allzu weit entfernt.

»Zytoplasmatischen Transfer« nennt Willadsen selbst ein Verfahren, das er erfunden hat, um Frauen mit unbrauchbaren Eizellen zu einer Schwangerschaft zu verhelfen. Damit diese trotzdem einen Embryo hervorbringen können, unternahm der Forscher erstmals Operationen am menschlichen Ei.

Die Eier der unfruchtbaren Mutter reicherte er mit Zytoplasma, der zellulären Nährmasse, aus den Eiern einer anderen Frau an, die ihre Zellen gegen ein paar tausend Dollar gespendet hatte. In dieses Kunstgebilde spritzte Willadsen ein Spermium; dann wurde die ganze Kreation der eigentlich unfruchtbaren Mutter eingepflanzt.

Auf diese Weise hat er Emma Ott gezeugt, geboren am 9. Mai des Jahres 1997. Viermal zuvor hatte sich die Mutter, Maureen Ott, 41, einer künstlichen Befruchtung unterzogen, aber immer waren ihre Eizellen zerplatzt. Jetzt erst, nachdem sie dank Willadsens Eingriff ihr Erbgut weitergegeben habe, sei ihr Leben »erfüllt«, sagt Maureen Ott. Manchmal entdecke sie sogar das Lächeln ihrer eigenen Großmutter in dem Babygesicht.

Willadsen aber war sich keineswegs sicher, dass die kleine Emma tatsächlich nur von Maureen Ott und deren Mann, der seinen Samen beisteuerte, abstammen würde. Dass dem so ist, mussten erst Gentests am geborenen Kind erweisen – bei vorausgegangenen Rinderexperimenten hatte sich stets auch Erbmaterial der Eizellenspenderin, die sogenannte mitochondriale DNS, in den Embryo mit hineingemischt.

Definitiv zu einem Kind mit zwei genetischen Müttern entwickelte sich jedoch jener Embryo, den James Grifo, ein New Yorker Reproduktionsarzt, ein Jahr darauf einer 44-Jährigen eingepflanzt hat. Grifo hatte Willadsens Methode etwas abgewandelt: Statt dem fremden Ei nur etwas Zytoplasma zu entnehmen, benutzte er es gleich als Ausgangszelle für das werdende Kind, indem er dem Spenderei das Erbgut der unfruchtbaren Mutter einbaute. Dadurch trägt das Baby zwar im Kern seiner Zellen das Erbgut der Auftraggeberin und ihres Mannes, außen herum aber Gene der Eispenderin.

Die Technik ist im Prinzip die gleiche wie beim Klonen – in beiden Fällen werden gespendete Eizellen durch Einbau eines neuen Zellkerns umprogrammiert. Nur die Herkunft des Zellkerns ist eine andere: Während dieser bei Grifos Eingriff einem unfruchtbaren Ei entnommen wurde, entstammt er beim Klonen einer beliebigen Zelle des Körpers.

Willadsen zuckt die Achseln:»Na und?« Er hätte nichts gegen einen Menschenklon. Wie sich die Menschen fortpflanzten, sei doch deren Sache. Er habe mit Dutzenden geklonten Tieren gearbeitet und festgestellt, dass diese auch nicht anders aussehen als normale.

In Europa mag solche Gleichgültigkeit Abscheu erregen; in den USA wäre sie vermutlich konsensfähig. Jedenfalls hat der Senat ein Jahr nach Dollys Geburt zwar ein Moratorium für Klonversuche an Menschen gefordert – aber nur, weil die Technik noch nicht ausreichend beherrscht werde. Einen Gesetzentwurf gegen das Klonen von Menschen hingegen lehnten die Senatoren ausdrücklich ab, weil sie fürchteten, damit würde die Forschung behindert. Zudem unterstützt der Staat Klonversuche an Rhesusaffen. Willadsen sieht sich bestärkt:»Solche Experimente sind nur dann sinnvoll, wenn man die Techniken irgendwann auch an Menschen anwenden will.«

Je mehr die Methode verbessert würde, umso weniger würde sich die Öffentlichkeit empören. Diese Erfahrung haben die Reproduktionsmediziner noch bei jedem neu eingeführten Verfahren gemacht. Ob künstliche Besamung, Zeugung in der Retorte, Leihmutterschaft oder das Tieffrieren von Embryonen: Stets hatten neue Fortpflanzungstechniken dieselben Akzeptanzphasen durchlaufen: entsetzte Ablehnung, Ablehnung ohne Entsetzen, tastende Neugier, Erforschung und schließlich langsame, aber stetige Zustimmung. Weshalb also, fragt Willadsen lakonisch, sollte das Klonen nicht auch seinen Platz im Arsenal der Fruchtbarkeitskliniken einnehmen?

Was ihn beschäftigt, ist ein anderes Problem: Je mehr von Natur aus unfruchtbare Menschen sich durch künstliche Zeugung fortpflanzen, umso häufiger wird sich das Merkmal der Unfruchtbarkeit weitervererben. Amerikanische Kollegen von ihm haben zum Beispiel nachgewiesen, dass Jungen, die durch Spermieninjektion gezeugt wurden, später selbst häufig zeugungsunfähig werden. So schafft sich die Fortpflanzungsmedizin ihre künftigen Patienten selbst.

Der Ausweg aus diesem Teufelskreis, meint Willadsen, sei die gezielte Verbesserung des Erbmaterials. Mit welcher Technik zwischen simpler Reagenzglasbefruchtung und Klonen auch immer ein Embryo in den Labors erzeugt wurde – bevor er in den Mutterleib gelange, müssten seine Gene rigide auf Fehlerfreiheit untersucht werden. Präimplantationsdiagnostik heißen solche Techniken und in ihnen läge die große Zukunft der Reproduktionsmedizin: »Die Forscher des Human Genome Projects entschlüsseln das Erbgut des Menschen doch nicht, um sich nur ein paar schöne Diagramme an die Wand zu hängen.«

In diesem Zusammenwachsen von Fruchtbarkeitsmedizin und Genforschung sehen viele Experten die eigentliche Gefahr der neuen Fortpflanzungstechniken. Auf lange Sicht, warnt zum Beispiel der amerikanische Molekularbiologe Lee Silver, könnte die Menschheit in zwei verschiedene Arten auseinander fallen: in genetische Privilegierte und in genetische Habenichtse.[5]

Die Reichen, die sich die Verbesserung ihrer Gene im Labor leisten konnten, werden dann besseres Erbmaterial als die Armen haben, die auf die natürliche Fortpflanzung angewiesen sind. Überzogen sei die Befürchtung keineswegs, dass die Menschheit in zwei Gruppen zerfalle. Wer es bezahlen könne, würde alles daran setzen, um große, schlanke, schöne und gesunde Kinder zu haben: Jeder habe schließlich den Wunsch, seinem Nachwuchs alle erdenklichen Vorteile mit auf den Weg zu geben. Wenn die Eltern heute schon die Erfolgschancen ihrer Kinder mehrten, indem sie sie auf teure Privatschulen schickten, fragt Silver, weshalb dann künftig nicht auch in die Optimierung von Genmaterial investieren?

Tatsächlich hat die Menschheit bereits begonnen, ihr evolutionäres Schicksal selbst in die Hand zu nehmen. Aufwändige Methoden zum Umbau des Erbguts, wie Silver sie fürchtet, sind dazu noch nicht einmal erforderlich. Damit, dass heute schon in den meisten Ländern eine Frau abtreiben darf, wenn im Chromosomensatz ihres Fötus ein Erbleiden festgestellt wird, ist der erste Schritt zu einer gesellschaftlich akzeptierten Eugenik vollzogen: Unerwünschte Genmerkmale sollen nicht an die nächste Generation weitergegeben werden. In Verbindung mit der Fruchtbarkeitsmedizin aber potenzieren sich die Möglichkeiten der Gentests: Während sich heute eine Schwangere nur in gravierenden Fällen zur Abtreibung entschließen wird, steht es den Ärzen im Reproduktionslabor künftig frei, unter vielen befruchteten Embryonen eines nach seinen Genen auszuwählen und nur dieses zu implantieren.

Auch deutsche Bundesländer wie Rheinland-Pfalz erlauben neuerdings solches Vorgehen unter strengen Auflagen; in Willadsens Labor ist es längst Standard. In einem abgedunkelten Nebenraum stehen Monitore, auf denen farbige Balken aufleuchten. Es sind Chromosomen der im Reagenzglas gezeugten Embryonen, von denen einzelne Zellen mit Kuheiern verschmolzen wurden. An manchen Stellen im Chromosomensatz sieht Willadsen Fehler: Hinweise auf Erbleiden wie das Down- oder das Katzenschreisyndrom. Willadsen wird die entsprechenden Embryonen nicht einpflanzen. »Bald werden wir sogar erbliche Gebrechen wie Diabetes erkennen können«, sagt er. »Kann man es den Eltern verdenken, dass sie so etwas an ihren Kindern nicht wollen?«

Willadsen sagt das ganz kühl. Auch wenn er nun mit menschlichen Embryonen hantiert – im Grunde ist er Tierarzt geblieben, für den Fortpflanzung ein Geschäft bar aller Romantik und ein Embryo nichts Erhabenes ist.

Aus den Reaktionen auf seine Chimäre hat er gelernt. Dass es lesbische Paare gebe, die sich, nach Methode der Schiege, ein Baby aus der Verschmelzung ihrer beiden Eizellen wünschen, dass Eltern, die ihr Kind verloren haben, es per Klon zurückhaben wollten – Willadsen kann das alles verstehen. Nur will er das Publikum nicht noch einmal so vor den Kopf stoßen.

»Wenn wir es wollten, könnten wir vermutlich heute schon Menschen klonen«, sagt er. »Aber es wäre schlechtes Benehmen – ungefähr so, als wenn jemand die amerikanische Flagge verbrennt.«

Dank

Bei den Recherchen zu den Kapiteln dieses Buchs traf ich so viele außergewöhliche Menschen, dass es fast unmöglich wäre, sie hier alle zu nennen. Mein Dank gilt jedem der Wissenschaftler, die im Text zitiert sind. Es sind ihre Geschichten, die ich erzähle, und ihre Ideen, die sie mir in oft langen Gesprächen vermittelt haben.

Ohne die Anregung, die Hintergrundrecherchen und die Kritik meiner Kollegen im Wissenschaftsressort und in der Dokumentation der Hamburger ›Spiegel‹-Redaktion wäre meine Arbeit nicht geworden, was sie ist. Unter ihnen sind Helmut Bott, Herbert Enger, Johann Grolle, Michael Jürgens, Petra Ludwig, Jürgen Petermann, Maximilian Schäfer, Jürgen Scriba und Matthias Schulz.

Stefan Bauer, Ulrike Gropp und Monika Klein haben frühere Fassungen des Buchmanuskripts kommentiert. Meine Lebensgefährtin, die Journalistin Alexandra Rigos, hat Passagen des Kapitels ›Schlacht um die Gene‹ verfaßt. Aber das ist nur ein geringer Teil dessen, was sie beigesteuert hat – ihr Rat steckt in fast jeder Seite.

Anmerkungen

Vorwort

(1) Die Unterscheidung der offenen Fragen in Mysterien und Probleme geht auf den amerikanischen Linguisten Noam Chomsky zurück
(2) ›Spiegel‹-Gespräch mit E. O. Wilson, geführt von Jürgen Petermann und mir, erschienen am 9. 11. 1998

Zeichen in der Tiefe

(1) M. Lorblanchet: ›Höhlenmalerei. Ein Handbuch‹. Thorbecke, Sigmaringen 1997
(2) A. Gierer: ›Im Spiegel der Natur erkennen wir uns selbst. Wissenschaft und Menschenbild‹. Rowohlt, Reinbek 1998
(3) J. Clottes, D. Lewis-Williams: ›Schamanen. Trance und Magie in der prähistorischen Kunst‹. Thorbecke, Sigmaringen 1997
(4) P. Bahn: »Further back down under«, in: ›Nature‹, 17. 10. 1996, S. 577
(5) R. Roberts et al.: »Optical and radiocarbon dating at Jinmium rock shelter in northern Australia«, in: ›Nature‹, 28. 5. 1998, S. 358
(6) V. Morell: »The earliest art becomes older«, in: ›Science‹, 31. 3. 1995, S. 1908
(7) J. M. Chauvet et al: ›Grotte Chauvet bei Vallon-Pont-d'Arc. Altsteinzeitliche Höhlenkunst im Tal der Ardèche‹. Thorbecke, Sigmaringen 1995

KOSMOS

Auf der Suche nach der vierten Dimension

(1) W. Benjamin: ›Illuminationen‹. Suhrkamp, Frankfurt am Main 1961
(2) ›The Time Lords‹. Filmproduktion der BBC London, 1996
(3) P. Davies: ›Die Unsterblichkeit der Zeit‹. Die moderne Physik zwischen Rationalität und Gott‹. Scherz, München 1996
(4) »Time travel«, in: ›New Scientist‹, 4. 2. 1995
(5) M. Eliade: ›Der Mythos der ewigen Wiederkehr‹. Diederichs, Düsseldorf 1953
(6) G. Dux: ›Die Zeit in der Geschichte‹. Suhrkamp, Frankfurt am Main 1992
(7) H. Quill: ›John Harrisson: The Man Who Found Longitude‹. John Baker Publishers, London 1966
(8) D. Sobel: ›Längengrad‹. Btb, München 1998
(9) P. Virilio: ›Revolutionen der Geschwindigkeit‹. Merve, Berlin 1993
(10) G. Nimtz: »Instantanes Tunneln«, in: ›Physikalische Blätter‹, 49 (1993), Nr. 12
(11) R. Ciao: »Faster than light?«, in: ›Scientific American‹, 8/1993, S. 38
(12) S. Hawking: ›Eine kurze Geschichte der Zeit‹. Rowohlt, Reinbek 1988
(13) C. Sagan: ›Contact‹. Simon & Schuster, New York 1985
(14) K. Thorn: ›Gekrümmter Raum und verbogene Zeit‹. Droemer, München 1996
(15) I. Novikov in: S. D. Kawaler et al.: ›Stellar Remnants‹. Springer, Berlin 1996
(16) I. Newton: ›Mathematische Grundlagen der Naturwissenschaft‹, zitiert nach: H. Weyl: ›Philosophie der Mathematik und Naturwissenschaft‹. Oldenburg, München/Wien 1982
(17) S. J. Gould: ›Der Daumen des Panda‹. Suhrkamp, Frankfurt 1989
(18) P. Sassone-Corsi: »Molecular Clocks: Mastering Time by Gene Regulation«, in: ›Nature‹, 30. 4. 1998, S. 871
(19) C. Malapani et al.: »Coupled Temporal Memories in Parkinson's Disease. A Dopamine-related Dysfunction«, in: ›Journal of Cognitive Neuroscience‹, 4. 7. 1998, S. 316
(20) E. Pöppel: ›Grenzen des Bewusstseins‹. Insel, Frankfurt am Main 1997
(21) I. Glynn: »Consciousness and Time«, in: ›Nature‹, 6. 12. 1990, S. 477

Die Welt aus dem Nichts

(1) A. Riess et al.: »Observational Evidence from Supernovae for an Accelerating Universe and a Cosmological Constant«, in: ›Astrophysical Journal‹, Nr. 116 (1998), S. 1009
(2) J. Glanz: »Astronomers See Cosmic Antigravitation at Work«, in: ›Science‹, 27. 2. 1998, S. 1298
(3) J. Silk: ›Die Geschichte des Kosmos. Vom Urknall bis zum Universum der Zukunft‹. Spektrum Akademischer Verlag, Heidelberg 1996
(4) D. Flikin: ›Stephen Hawkings Universum‹. Heyne, München 1998
(5) A. Guth: ›Die Geburt des Kosmos aus dem Nichts. Die Theorie des inflationären Universums‹. Droemer, München 1999
(6) C. Alcock et al.: »Possible Gravitational Microlensing of a Star in the Large Magellanic Cloud«, in: ›Nature‹, 21. 10. 1993, S. 621
(7) P. Hewett, S. Warren: »Microlensing Sheds Light on Dark Matter«, in: ›Science‹, 31. 1. 1997, S. 626
(8) C. Horgan et al.: »Surveying Space Time with Supernovae«, in: ›Scientific American‹, Nr. 1/1999, S. 29
(9) L. Kraus: »Cosmological Antigravity«, in: ›Scientific American‹, Nr. 1/1999, S. 35
(10) J. Glanz: »No Backing off from the Accelerating Universe«, in: ›Science‹, 13. 11. 1998, S. 1249
(11) A. Linde: ›Elementarteilchenphysik und inflationäre Kosmologie. Zur gegenwärtigen Theorienbildung‹. Spektrum Akademischer Verlag, Heidelberg 1993

Kathedralen für ein Phantom

(1) A. Linde: »Das selbstreproduzierende inflationäre Universum«, in: ›Spektrum der Wissenschaften‹, Nr. 1/1995, S. 32
(2) M. Veltmann: »The Higgs Boson«, in: ›Scientific American‹, Nr. 11/1986, S. 56
(3) S. Weinberg: ›Die ersten drei Minuten. Der Ursprung des Universums‹. Piper Taschenbuch, München 1997

EVOLUTION

Auftakt zum großen Tanz

(1) M. Bolli et al.: »Pyranosyl-RNA: Chiroselective Self-assembly of Base Sequences by Ligative Oligomerization of Tetranucleotide-2',3'-cyclophosphates«, in: ›Chemical Biolology‹, 4. 4. 1997, S. 309

(2) C. De Duve: ›Ursprung des Lebens. Präbiotische Evolution und die Entstehung der Zelle‹. Spektrum Akademischer Verlag, Heidelberg 1994

(3) M. Eigen: ›Stufen zum Leben. Die frühe Evolution im Visier der Molekularbiologie‹. Piper, München 1987

(4) E. Szathmáry : »The Origins of Life on Earth«, in: ›Nature‹, 12. 6. 1997, S. 662

(5) G. R. Bock, J. Goode (Hrsg.): ›Evolution of Hydrothermal Ecosystems on Earth (and Mars?)‹. Wiley, Chichester 1996

(6) K. L. Brinton et al.: »A Search for Extraterrestrial Amino Acids in Carbonaceous Antarctic Micrometeorites. Origin of Life and Evolution of the Biosphere«, 28. 10. 1998, S. 413

(7) R. Gesteland, J. Atkins (Hrsg.): ›The RNA World‹. Cold Spring Harbour Laboratory Press, Cold Spring Harbour 1993

(8) J. P. Ferris et al.: »Synthesis of Long Prebiotic Oligomers on Mineral Surfaces«, in: ›Nature‹, 2. 5. 1996, S. 59

(9) A. Eschenmoser: »Chemical Etiology of Nucleic Acid Structure«, in: ›Science‹, 25. 6. 1999, S. 2118

(10) P. Bachmann et al.: »Autocatalytic Self Replicating Micelles and Models for Prebiotic Structures«, in: ›Nature‹, 7. 5. 1992, S. 57

(11) W. Schopf: »Microfossils of the Early Archean Apex Chart – New Evidence of the Antiquity of Life«, in: ›Science‹, 30. 4. 1993, S. 640

(12) J. M. Smith, E. Szathmáry: ›The Origins of Life: From the Birth of Life to the Origin of Language‹. Oxford University Press, Oxford 1999

Expedition in die Tiefenzeit

(1) D. Shu et al.: »A Pikaia-like Chordate from the Lower Cambrian of China«, in: ›Nature‹, 14. 11. 1996, S. 157

(2) S. J. Gould: ›Die Entdeckung der Tiefenzeit‹. Hanser Verlag, München 1990

(3) H. B. Whittington: ›The Burgess Shale‹. Yale University Press, Yale 1985

(4) S. J. Gould: ›Zufall Mensch: das Wunder des Lebens als Spiel der Natur‹. Hanser Verlag, München 1991

(5) M. Fedonkin, B. Waggoner: »The Late Precambrian Fossil Kimberella is a Mollusc-like Bilaterian Organism«, in: ›Nature‹, 28. 8. 1997, S. 868

(6) M. McMenamin: ›The Garden of Ediacara. Discovering the First Complex Life‹. Columbia University Press, New York 1998

(7) A. Seilacher et al.: »Tiboblastic Animals More Than 1 Billion Years Ago«, in: ›Science‹, 2. 10. 1998, S. 80

(8) S. Xiao et al.: »Precambrian Animals and Plants. Three-dimensional Preservation of Algae and Animal Embryos in a Neoproterozoic Phosphorite«, in: ›Nature‹, 5. 2. 1998, S. 553

(9) S. Bengtson: »Animal Embryos in Deep Time«, in: ›Nature‹, 5. 2. 1998, S. 529

(10) R. Kerr: »Pushing Back the Origin of Animals«, in: ›Science‹, 6. 2. 1998, S. 803

Hoffnungsvolle Monster

(1) M. Averof et al.: »Evolution of Animal Limbs«, in: ›Nature‹, 14. 8. 1997, S. 682

(2) S. Carroll: »Homoetic Genes and the Evolution of Arthropods and Chordates«, in: ›Nature‹, 10. 8. 1995, S. 479

(3) M. Cohn et al.: »Developemental Basis of Limblessness and Axial Patterning in Snakes«, in: ›Nature‹, 3. 6. 1999, S. 474

(4) T. Kondo et al.: »Of Fingers, Toes and Penises«, in: ›Nature‹, 6. 2. 1997, S. 29

Sinkflug ins Wunderland

(1) S. Earle: ›Sea Change: A Message of the Oceans‹. Fawcett Books, 1996

(2) W. J. Broad: ›The Universe Below: Discovering the Secrets of the Deep Sea‹. Touchstone Press, New York 1998

(3) R. Spindel et al.: »Ocean Acoustic Topography«, in: ›Scientific American‹, 1/1990, S. 89

(4) R. Ellis: ›Monsters of the Sea‹. A. A. Knopf, New York 1994

(5) J. Kaiser: »Can Deep Bacteria Live on Nothing but Rocks and Water?«, in: ›Science‹, 20.10.1995, S. 377

Einsiedler im giftigen Verlies

(1) S. Sarbu et al.: »A Chemoautotrophically Based Cave Ecosystem«, in: ›Science‹, 28. 6. 1996, S. 1953
(2) W. J. Broad: »Drillers Find Lost World of Ancient Microbes«, in: ›The New York Times‹, 4. 10. 1994, C1
(3) T. Gold: »The Deep, Hot Biosphere«, in: ›Proceedings of the National Academy of Sciences USA‹, Nr. 89 (1992), S. 6045
(4) J. Parkes, J. Maxwell: »Some Like it Hot (and Oily)«, in: ›Nature‹, 21. 10. 1993, S. 694

Lotterie im Garten Eden

(1) L. Hou et al.: »Early Adaptive Radiation of Birds: Evidence from Fossils from Northeastern China«, in: ›Science‹, 15. 11. 1996, S. 1164
(2) D. M. Unwin: »Feathers, Filaments and Theropod Dinosaurs«, in: ›Nature‹, 8. 1. 1998, S. 119
(3) ›Spiegel‹-Gespräch mit Stephen Jay Gould, geführt von Johann Grolle und mir, erschienen am 2. 3. 1998
(4) R. Dawkins: ›Gipfel des Unwahrscheinlichen. Wunder der Evolution‹. Rowohlt, Reinbek 1999
(5) R. Dawkins: ›Und es entsprang ein Fluß in Eden. Das Uhrwerk der Evolution‹. Goldmann, München 1998
(6) R. Dawkins: ›Das egoistische Gen‹. Spektrum Akademischer Verlag, Heidelberg 1994
(7) S. J. Gould: ›Zufall Mensch: das Wunder des Lebens als Spiel der Natur‹. Hanser, München 1991
(8) G. Boyajian, T Lutz: »Evolution of Biological Complexity and its Relation to Taxonomic Longevity in the Ammonoidea«, in: ›Geology‹, Nr. 20 (1992), S. 983
(9) S. J. Gould: ›Illusion Fortschritt: die vielfältigen Wege der Evolution‹. S. Fischer, Frankfurt 1998

Abschied vom Ich

(1) W. Singer et al.: »Activation of Heschl's Gyrous during Auditory Hallucinations«, in: ›Neuron‹, Nr. 22 (1999), S. 615
(2) M. George: »Transcranial Magnetic Stimulation«, in: ›Archives of General Psychiatry‹, Nr. 56 (1999), S. 300

(3) J. M. Fuster: ›Memory in the Cerebral Cortex: An Empirical Approach to Neural Networks in the Human and Nonhuman Primate‹. The MIT Press, Cambridge, Mass. 1995

(4) W. Singer: »Bewusstsein, etwas ›Neues, bis dahin Unerhörtes‹«, in: ›Abhandlungen der Berlin-Brandenburgischen Akademie der Wissenschaften‹, Bd. 4 (1997), S. 175

(5) G. Roth: ›Das Gehirn und seine Wirklichkeit‹. Suhrkamp, Frankfurt am Main 1997

(6) R. Cotterill (Hrsg.): ›Models of Brain Function‹. Cambridge University Press, Cambridge 1989

(7) I. Fried et al.: »Electric Current Stimulates Laughter«, in: ›Nature‹, 12. 2. 1998, S. 650

(8) H. Meier: ›Der Mensch und sein Gehirn‹. Piper, München 1997

(9) W. Singer: »Consciousness and the Structure of Neuronal Representations«, in: ›Philosiophical Transactions of the Royal Society London‹, B 353 (1998), S. 1829

(10) G. Gallup »Selbsterkenntnis und Empathie bei Menschenaffen«, in: ›Spektrum der Wissenschaften Spezial‹, Nr. 3/1999, S. 66

(11) J. Jaynes: ›Der Ursprung des Bewusstseins durch den Zusammenbruch der bikameralen Psyche‹. Rowohlt, Reinbek 1988

(12) H. J. Heinze: »Bewusstsein und Gehirn«, in: D. Ganter (Hrsg.) ›Gene, Neurone, Qubits und Co.‹. Hirsch Verlag, Stuttgart 1999

(13) R. Dawkins: ›Das egoistische Gen‹. Spektrum Akademischer Verlag, Heidelberg, Neuausgabe 1994

SCHÖPFER MENSCH

Schlacht um die Gene

(1) E. Marshall, E. Pennisi: »Hubris and the Human Genome«, in: ›Science‹, 15. 5. 1998, S. 994

(2) Die Zitate von Craig Venter stammen größtenteils aus einem Interview, das Rafaela von Bredow und ich mit ihm führten. Es erschien am 7. 9. 1998 im ›Spiegel‹.

(3) J. Cohen: »The Genomics Gamble«, in: ›Science‹, 7. 2. 1997, S. 767

(4) S. Thorlacius et al.: »Population-based Study of Risk of Breast Cancer in Carriers of BRCA2 Mutation«, in: ›Lancet‹, 24. 10. 1998, S. 1337

(5) H. Smith et al.: »Whole Genome Random Sequencing and Assembly of Haemophilus influenzae«, in: ›Science‹, 28. 7. 1995, S. 538

Ohren vom Band, Herzen nach Mass

(1) R. Langer, J. Vacanti: »Tissue Engineering«, in: ›Science‹, 14. 5. 1993, S. 920

(2) D. Ferber: »Lab Grown Organs Begin to Take Shape«, in: ›Science‹, 16. 4. 1999, S. 422

(3) D. Mooney et al.: »Growing New Organs«, in: ›Scientific American‹, 4/1999, S. 38

(4) R. Langer, J. Vacanti: »Growing Artificial Organs«, in: ›Scientific American‹, 9/1995, S. 100

(5) R. Langer, J. Vacanti: »Tissue Engineering: The Challenges Ahead«, in: ›Scientific American‹, 4/1999, S. 62

Die Versuchung, den Homo xerox zu bauen

(1) C. Fehilly et al.: »Interspecific Chimaerism Between Sheep and Goat«, in: ›Nature‹, 12. 3. 1998, S. 634

(2) G. Kolata: ›Clone: The Road to Dolly, and the Path Ahead‹. William Morrow, New York 1998

(3) D. Willadsen: »Deep Freezing of Sheep Embryos«, in: ›Journal of Reproduction and Fertility‹, Nr. 46 (1976), S. 151

(4) S. Willadsen: »Nuclear Transplantation in Sheep Embryos«, in: ›Nature‹, 6. 3. 1986, S. 63

(5) L. Silver: ›Remaking Eden: Cloning and Beyond in a Brave New World‹. Avon Books, New York 1997